Stephanie Cech-Wenning

Klasse 3/4

Sachrechnen und Größen

Handlungsorientierte Übungsaufgaben

✓ mit Lösungen

Verlag an der Ruhr

Impressum

Titel
Sachrechnen und Größen – Klasse 3/4
Handlungsorientierte Übungsaufgaben mit Lösungen

Autorin
Stephanie Cech-Wenning

Umschlagmotive
Messbecher: © Astrid Wilkesmann; alle anderen Illustrationen: © Anja Boretzki

Illustrationen
Kapitel-Icons Zeit, Geld, Längen, Gewicht: © Anja Boretzki;
Kapitel-Icon Volumen: © Astrid Wilkesmann; ansonsten siehe Copyrighthinweise

Druck
Heenemann GmbH & Co. KG, Berlin, DE

Verlag an der Ruhr
Mülheim an der Ruhr
www.verlagruhr.de

Geeignet für die Klassen 3/4

ISBN 978-3-8346-3049-0

Inhaltsverzeichnis

Vorwort

Die vorliegenden Arbeitsblätter vermitteln den Schülern in logisch aufeinander aufgebauter Weise und gut verständlich die wichtigsten Inhalte der Größenbereiche. Den **Richtlinien und Lehrplänen** ist der Inhalt des Buches im Rahmen des Bereiches Größen und Messen sowohl dem **Schwerpunkt „Größen-Vorstellungen und Umgang mit Größen"** als auch dem **Schwerpunkt „Sachsituationen"** zuzuordnen.

Folgende Größenbereiche finden sich in diesem Buch wieder:

- **Zeit**
- **Geld**
- **Längen**
- **Gewicht**
- **Volumen**

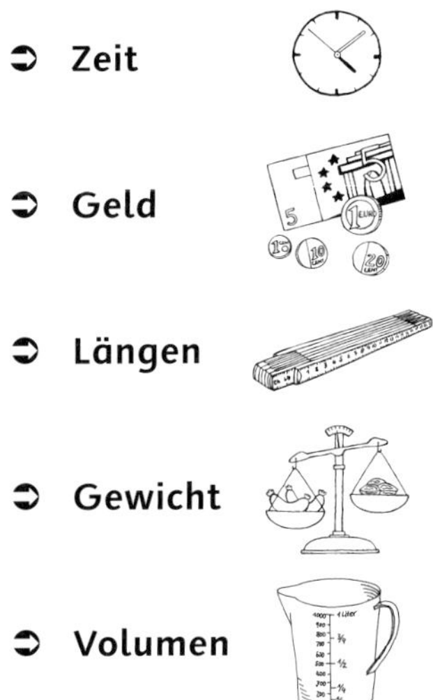

Die Kopiervorlagen können Sie losgelöst vom Mathematikbuch einsetzen, aber ebenso auch als Ergänzung zum Lehrwerk im Unterricht zur weiteren Vertiefung und Übung verwenden.

Sie sind **ohne große Vorbereitung einsetzbar**, erklären sich selbst und haben klare Arbeitsanweisungen. Daher können Sie die Materialien nicht nur in gemeinsamen Unterrichtssequenzen nutzen, sondern auch in Stationen oder Werkstätten anbieten sowie differenziert, dem Leistungsstand Ihrer Schüler gemäß, für Einzelarbeiten verteilen. Das bietet Ihnen auch den Vorteil, dem unterschiedlichen Arbeitstempo Ihrer Schüler gerecht werden und mit einer erweiterten Aufgabe reagieren zu können. Um den unterschiedlichen Rechenfähigkeiten der Schüler zudem entgegenzukommen, bietet es sich an, im Klassenraum kariertes Papier für Nebenrechnungen bereitzulegen. Zudem kann das Diagramm vom Arbeitsblatt: „Das Gewicht von Tieren – Balkendiagramme" (S. 45) darauf gezeichnet werden.

Im hinteren Teil des Buches finden Sie die Lösungsseiten für die Arbeitsblätter. Diese können Sie für sich zur schnelleren Korrektur verwenden. Eine andere Möglichkeit wäre, die Lösungen zum geeigneten Zeitpunkt den Schülern zur Verfügung zu stellen, damit sie ihren Arbeitsprozess selbstständiger gestalten und die Selbstkontrolle üben können. So wird der differenzierte Einsatz der Materialien unterstützt und für Sie erleichtert. Vergrößern Sie dazu die einzelnen Lösungen mit dem Kopierer und schneiden Sie sie auseinander. So können sie im Unterricht eingesetzt werden. Lediglich für einige wenige Arbeitsblätter bzw. Aufgabenformate, die sich auf die Gegebenheiten Ihrer Klasse beziehen und deren Ergebnisse dementsprechend immer verschieden sind, befinden sich verständlicherweise keine Lösungen im Anhang.

Selbstverständlich sollten die Schüler vor der schriftlichen Auseinandersetzung mit der jeweiligen Thematik den Größenbereich handelnd erfasst haben (EIS-Prinzip). Das heißt zum Beispiel für den Bereich der Zeit, dass die Schüler Uhrzeiten an einer Uhr eingestellt sowie abgelesen haben oder auch die Dauer einer Minute durch zum Beispiel „eine Minute still sein/hüpfen/klatschen" erleben konnten. Die Schüler haben im Bereich Längen vorab gelernt, wie man mit einem Lineal, Maßband, Zollstock u. Ä. richtig misst und wie man mithilfe von verschiedenen Waagen das Gewicht ermittelt. Zudem sollten die Schüler wissen, was der Begriff „Volumen" meint, und in Versuchen Flüssigkeitsmengen miteinander vergleichen. Das Ablesen von Flüssigkeiten in einem Litermaß gehört ebenso dazu. Viele Aufgaben in diesem Buch leiten die Schüler zum konkreten Handeln an.

Damit die Kinder die Größenbereiche gut verinnerlichen können, sollten Sie folgende **Anschauungsmaterialien bereitstellen**:

Thema	benötigtes Material	zusätzliches, optionales Material
Zeit	Spieluhr (Uhr, an der die Zeit eingestellt werden kann)	verschiedene Uhren (digital, Stoppuhr ...)
Geld	Geld bzw. Spielgeld (z. B. Magnetgeld, Papiergeld)	Informationen über den Euro, Poster mit Euro-Ländern ...
Längen	➲ Lineal (ca. 20 cm) ➲ Zollstock ➲ Maßband	verschiedene Messgeräte: Zollstock, Baustellenmaßband, Geodreieck ...
Gewicht	➲ verschiedene Waagen (Balkenwaage, Personenwaage, Küchenwaage ...) ➲ Gewichtssteine	konkrete Repräsentanten für bestimmte Gewichtsangaben, z. B. ein Päckchen Mehl (= 1 kg), eine Tafel Schokolade (= 100 g), eine Büroklammer (= 1 g) ...
Volumen	Litermaß	Gefäße, Wasser

1 Stunde hat 60 Minuten

1. Male den Stundenzeiger blau und den Minutenzeiger rot an.
2. Färbe immer 5 Minuten abwechselnd gelb und grün.

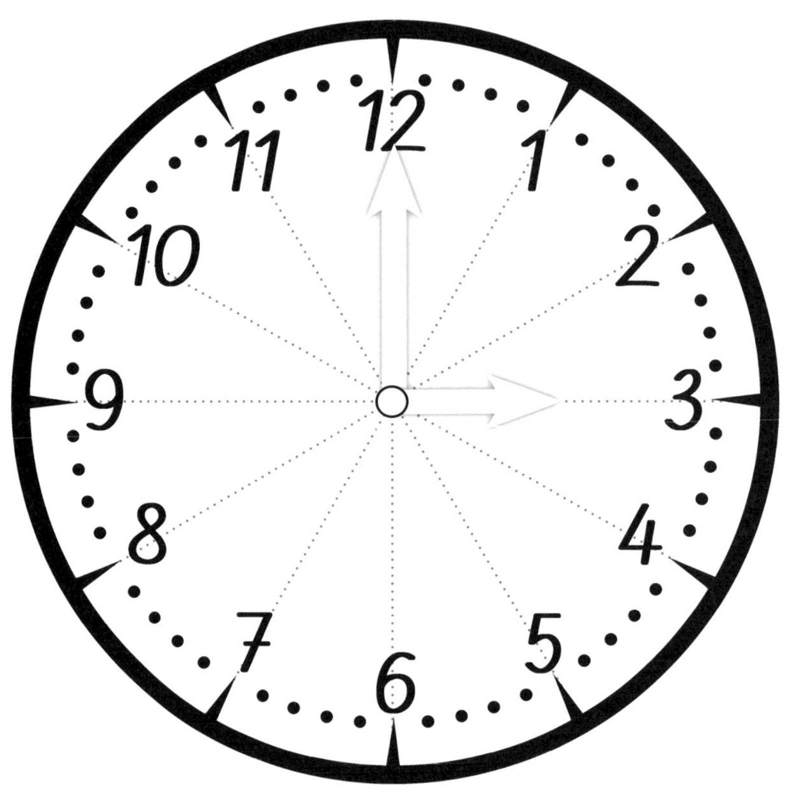

3. Wie viele Minuten sind vergangen?

.... Minuten .... Minuten .... Minuten .... Minuten .... Minuten

4. Zeichne den Minutenzeiger ein. So viele Minuten sind vergangen:

15 Minuten 35 Minuten 25 Minuten 55 Minuten 45 Minuten

© Verlag an der Ruhr | Autorin: Stephanie Cech-Wenning | ISBN 978-3-8346-3049-0 | www.verlagruhr.de

Die Uhr zeigt zwei Uhrzeiten

1. Die Uhr kann dir die Uhrzeit für den Morgen und den Tag sagen, aber auch für den Abend und die Nacht. Schreibe die beiden Uhrzeiten dazu.

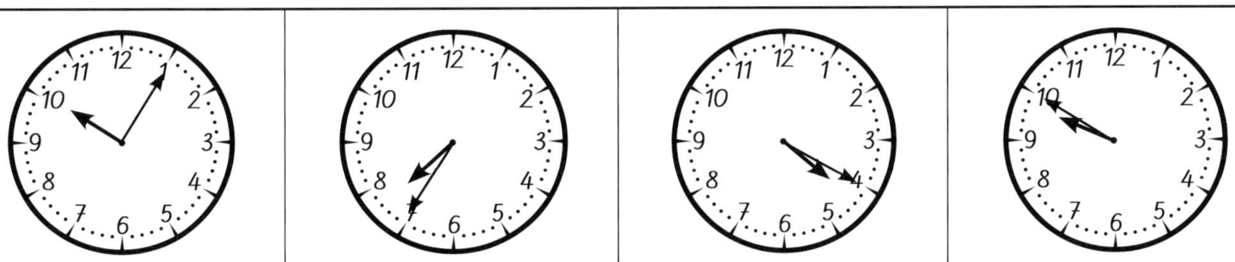

.... Uhr	.... Uhr	.... Uhr	.... Uhr
.... Uhr	.... Uhr	.... Uhr	.... Uhr

.... Uhr	.... Uhr	.... Uhr	.... Uhr
.... Uhr	.... Uhr	.... Uhr	.... Uhr

2. Zeichne den Stundenzeiger blau und den Minutenzeiger rot ein. Achte auf den kleinen Zeiger: Er wandert immer ein wenig mit!

7:25 Uhr	14:35 Uhr	16:10 Uhr	10:50 Uhr

19:45 Uhr	3:15 Uhr	6:55 Uhr	15:05 Uhr

Zeitspannen

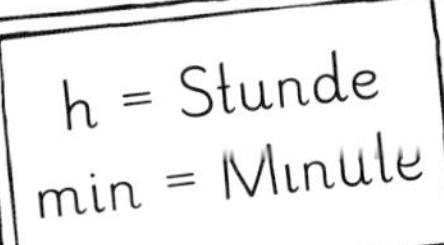

1. Wie lange dauert es? Ergänze.

Start	Dauer	Ende	Start	Dauer	Ende
10:00 Uhr	2 h 15 min	12:15 Uhr	14:15 Uhr		15:00 Uhr
14:00 Uhr		17:00 Uhr	8:30 Uhr		10:30 Uhr
2:00 Uhr		8:20 Uhr	16:20 Uhr		17:30 Uhr
9:40 Uhr		9:55 Uhr	7:45 Uhr		9:15 Uhr
22:00 Uhr		23:30 Uhr	11:15 Uhr		20:35 Uhr

2. Wann ist es beendet? Ergänze.

Start	Dauer	Ende	Start	Dauer	Ende
9:00 Uhr	3 h	………… Uhr	11:30 Uhr	2 h 50 min	………… Uhr
14:10 Uhr	4 h	………… Uhr	5:15 Uhr	4 h 5 min	………… Uhr
6:00 Uhr	2 h 25 min	………… Uhr	16:45 Uhr	1 h 35 min	………… Uhr
2:00 Uhr	1 h 45 min	………… Uhr	20:15 Uhr	45 min	………… Uhr
17:00 Uhr	6 h	………… Uhr	0:30 Uhr	5 h 30 min	………… Uhr

3. Wann hat es begonnen? Ergänze.

Start	Dauer	Ende	Start	Dauer	Ende
………… Uhr	2 h	18:00 Uhr	………… Uhr	1 h 30 min	11:00 Uhr
………… Uhr	5 h	13:00 Uhr	………… Uhr	2 h 15 min	4:10 Uhr
………… Uhr	1 h	10:30 Uhr	………… Uhr	3 h 30 min	14:20 Uhr
………… Uhr	3 h	20:15 Uhr	………… Uhr	1 h 45 min	12:35 Uhr
………… Uhr	10 h	19:45 Uhr	………… Uhr	5 h 15 min	23:50 Uhr

Wie spät ist es?

1. Schreibe die beiden Uhrzeiten dazu.

 4:12 Uhr	 .... Uhr	 .... Uhr	 .... Uhr
16:12 Uhr	.... Uhr	.... Uhr	.... Uhr

 .... Uhr	 .... Uhr	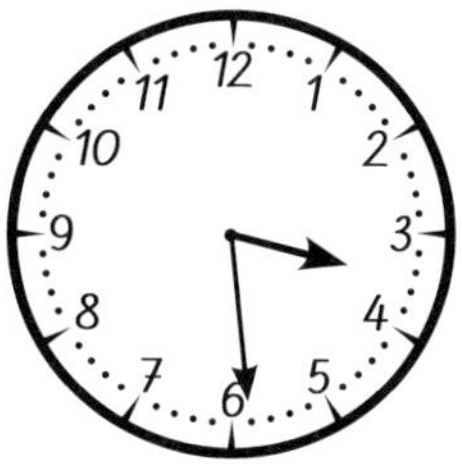 .... Uhr	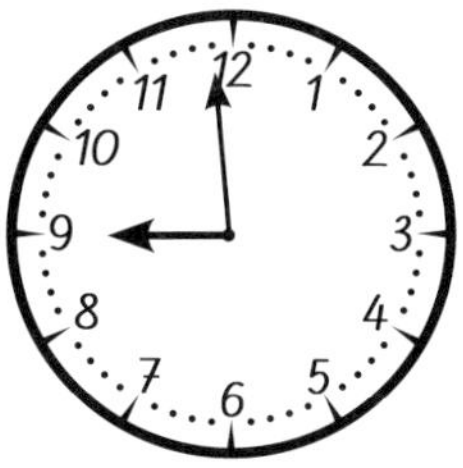 .... Uhr
.... Uhr	.... Uhr	.... Uhr	.... Uhr

2. Zeichne den Stundenzeiger blau und den Minutenzeiger rot ein.

0:02 Uhr 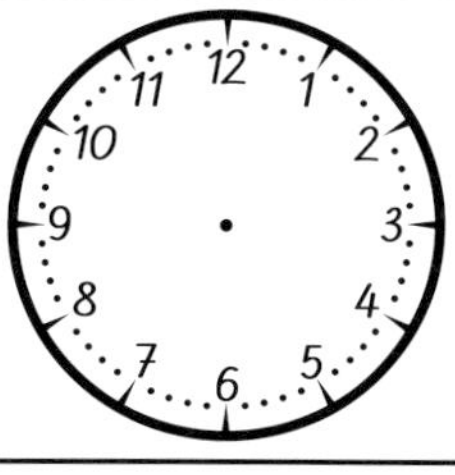	6:38 Uhr 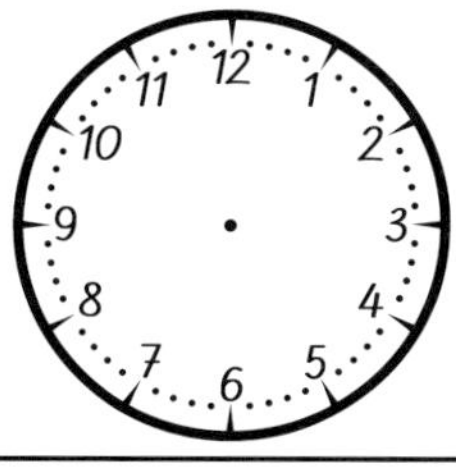	20:14 Uhr 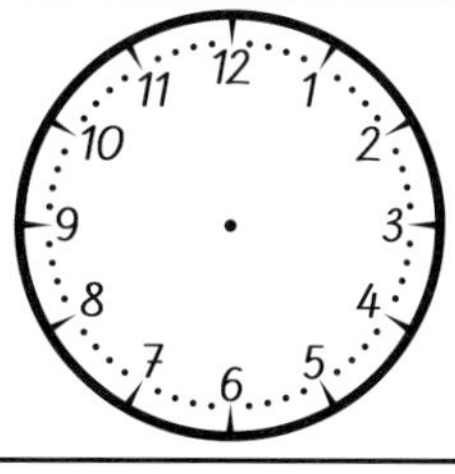	5:09 Uhr 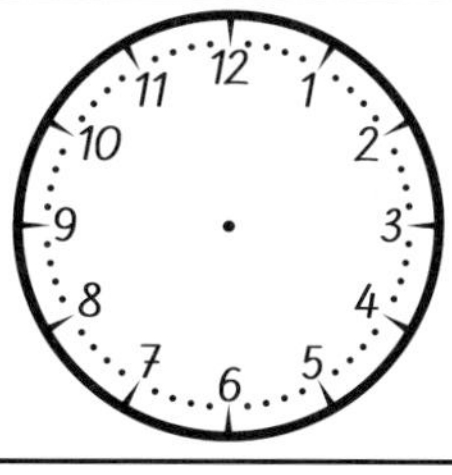

1:11 Uhr 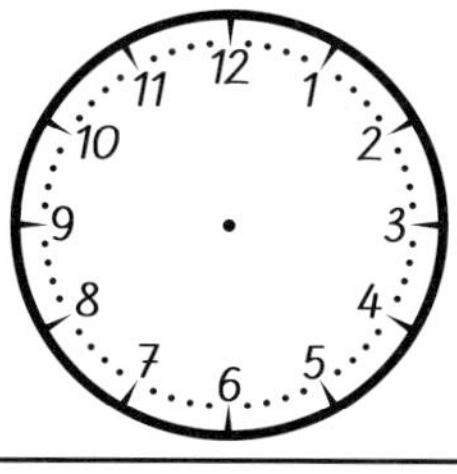	13:32 Uhr 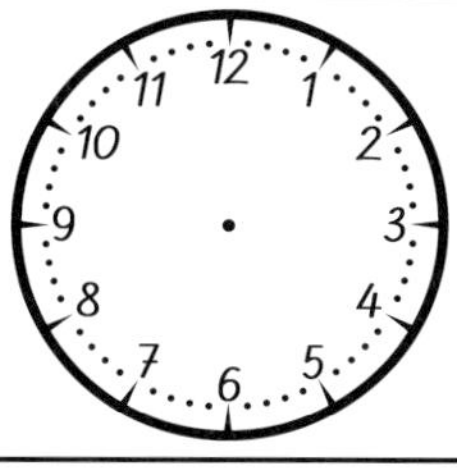	8:48 Uhr 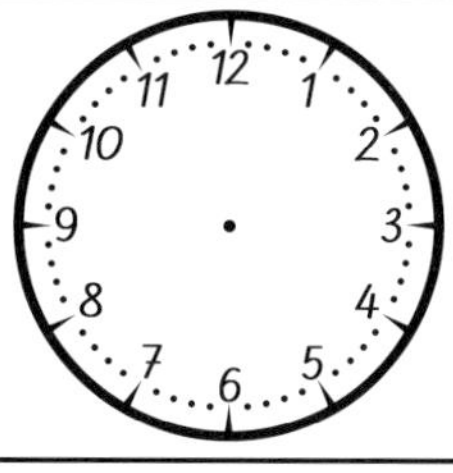	14:51 Uhr 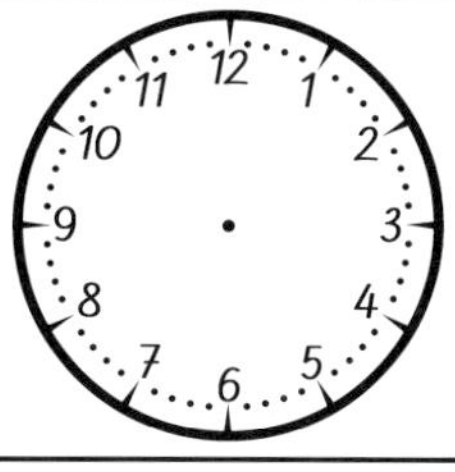

Umwandeln

1. Wandle in Stunden und Minuten um.

70 min = ... h .... min	90 min = ... h .... min
100 min = ... h .... min	120 min = ... h .... min
60 min = ... h .... min	45 min = ... h .... min
200 min = ... h .... min	360 min = ... h .... min
410 min = ... h .... min	570 min = ... h .... min
95 min = ... h .... min	77 min = ... h .... min
235 min = ... h .... min	62 min = ... h .... min
368 min = ... h .... min	103 min = ... h .... min
191 min = ... h .... min	129 min = ... h .... min
227 min = ... h .... min	54 min = ... h .... min

2. Wie viele Minuten sind es? Wandle um.

1 h 20 min = ... min	2 h 20 min = ... min	2 h 10 min = ... min
4 h 50 min = ... min	1 h 30 min = ... min	1 h 10 min = ... min
3 h 10 min = ... min	2 h 30 min = ... min	1 h 40 min = ... min
3 h 50 min = ... min	1 h 15 min = ... min	1 h 32 min = ... min
3 h 25 min = ... min	4 h 46 min = ... min	1 h 55 min = ... min
2 h 18 min = ... min	2 h 40 min = ... min	5 h 51 min = ... min
3 h 05 min = ... min	2 h 27 min = ... min	4 h 21 min = ... min

Abb.: © Anja Boretzki

1 Minute hat 60 Sekunden

1. Ergänze zu einer Minute.

30 s + ... s = 1 min   50 s + ... s = 1 min   45 s + ... s = 1 min

52 s + ... s = 1 min   10 s + ... s = 1 min   14 s + ... s = 1 min

25 s + ... s = 1 min   8 s + ... s = 1 min   55 s + ... s = 1 min

2. Ergänze zu 5 Minuten.

2 min 40 s + ... min .... s = 5 min   4 min 9 s + ... min .... s = 5 min

1 min 30 s + ... min .... s = 5 min   3 min 17 s + ... min .... s = 5 min

3 min 10 s + ... min .... s = 5 min   2 min 56 s + ... min .... s = 5 min

2 min 20 s + ... min .... s = 5 min   0 min 42 s + ... min .... s = 5 min

3 min 33 s + ... min .... s = 5 min   1 min 24 s + ... min .... s = 5 min

3. Wie viele Sekunden sind es? Wandle um.

3 min = ... s   4 min = ... s   7 min = ... s

9 min = ... s   5 min = ... s   10 min = ... s

12 min = ... s   8 min = ... s   15 min = ... s

2 min 30 s = ... s   5 min 20 s = ... s   1 min 55 s = ... s

4. Schreibe in Minuten und Sekunden.

70 s = ... min .... s   244 s = ... min .... s   100 s = ... min .... s

408 s = ... min .... s   85 s = ... min .... s   376 s = ... min .... s

320 s = ... min .... s   291 s = ... min .... s

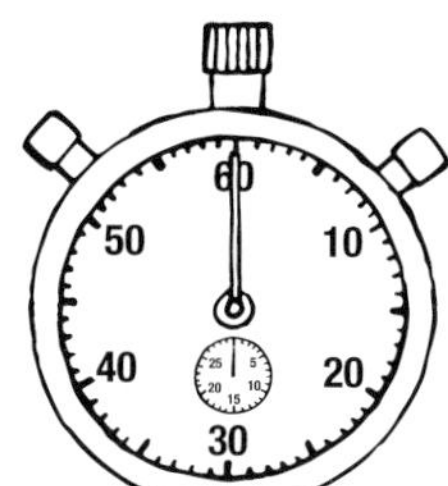

Sekunden – Minuten – Stunden

1. Wandle in Stunden und Minuten um.

65 min = ... h .... min

186 min = ... h .... min

122 min = ... h .... min

206 min = ... h .... min

307 min = ... h .... min

322 min = ... h .... min

254 min = ... h .... min

490 min = ... h .... min

2. Wie viele Minuten sind es? Wandle um.

1 h 15 min = ... min

8 h 27 min = ... min

3 h 48 min = ... min

4 h 33 min = ... min

2 h 59 min = ... min

10 h 25 min = ... min

4 h 8 min = ... min

12 h 15 min = ... min

3. Wie viele Sekunden sind es? Wandle um.

4 min = ... s

2 min 20 s = ... s

½ min = ... s

2 ½ min = ... s

¼ min = ... s

1 ¾ min = ... s

6 min 27 s = ... s

90 min = ... s

200 min = ... s

9 min 52 s = ... s

120 min = ... s

20 min 35 s = ... s

4. Wandle in Minuten und Sekunden um.

80 s = ... min .... s

173 s = ... min .... s

105 s = ... min .... s

320 s = ... min .... s

189 s = ... min .... s

277 s = ... min .... s

240 s = ... min .... s

481 s = ... min .... s

Abb.: © Anja Boretzki

Wie lange dauert es?

1. Ordne die Zeitangaben. Beginne mit der kürzesten Zeitdauer. Wandle, wenn nötig, vorher um. Findest du den Lösungssatz?

2 h **U**	180 min **E**	1 h 50 min **H**	240 s **S**	2 h 40 min **L**	600 s **C**

....

....

3 h **A**	240 min **H**	2 h 50 min **M**	3 h 20 min **C**	5 h 10 min **T**

....

....

1 h **S**	1 h 20 min **L**	70 min **C**	1 h 40 min **A**	150 min **U**	1 h 15 min **H**

....

....

Lösungssatz: ....

2. a) Die Kinder vergleichen ihre Schulwege. Gina braucht 660 Sekunden. Antonia braucht 10 Minuten. Fred schafft seinen Weg in 5 Minuten und 420 Sekunden und Dilan in 9 Minuten.

Frage: ....

Rechnung: ....

....

....

Antwort: ....

b) Darian behauptet, mit seinem Schulweg von 1 Minute und 1200 Sekunden der Schnellste zu sein.

Frage: ....

Rechnung: ....

....

....

Antwort: ....

Abb.: © Anja Boretzki
© Verlag an der Ruhr | Autorin: Stephanie Cech-Wenning | ISBN 978-3-8346-3049-0 | www.verlagruhr.de

Unser Geld

1. **Schaue dir unsere Euro- und Cent-Münzen genau an.**
2. **Die Kreise sollen unsere Geldmünzen sein.**
   Schreibe die richtigen Geldwerte hinein.
   Male sie mit passenden Farben an.

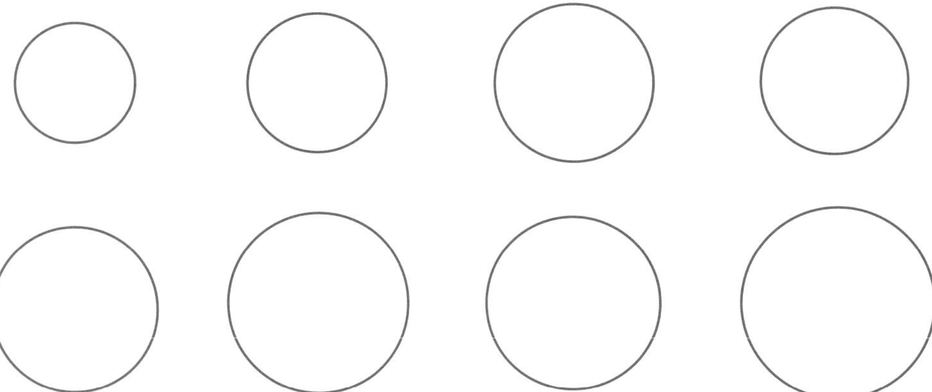

3. **Schaue dir unsere Geldscheine genau an.**
4. **Du siehst Ausschnitte von folgenden Scheinen:**
   5€, 10€, 20€, 50€, 100€, 200€.
   Finde heraus, zu welchen Scheinen die Ausschnitte gehören.
   Schreibe die Geldwerte darunter.

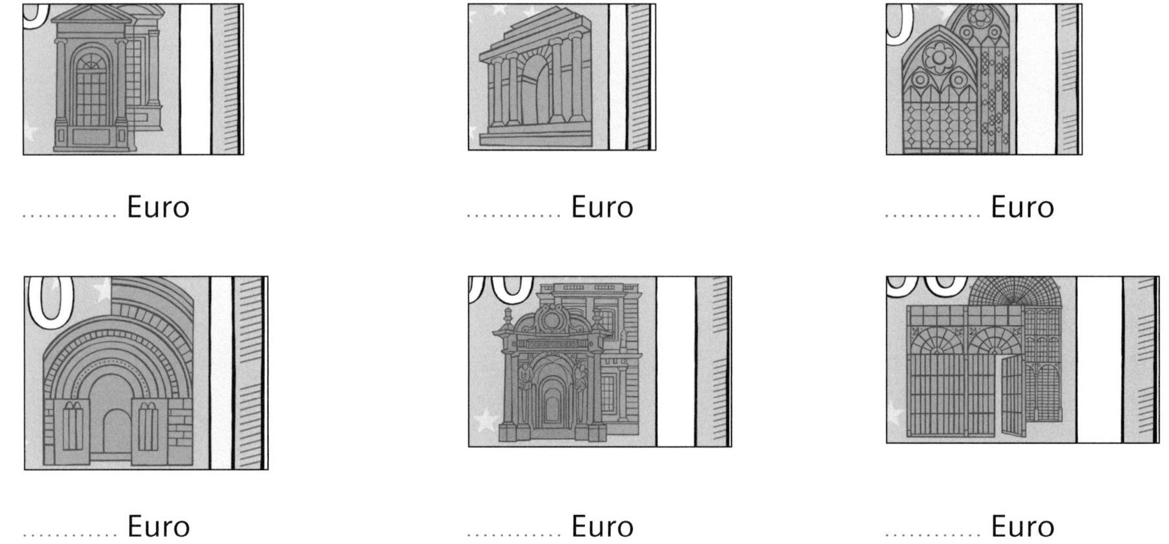

.... Euro .... Euro .... Euro

.... Euro .... Euro .... Euro

Abb.: © Anja Boretzki

 ISBN 978-3-8346-3049-0 | www.verlagruhr.de

Wie viel Geld ist es?

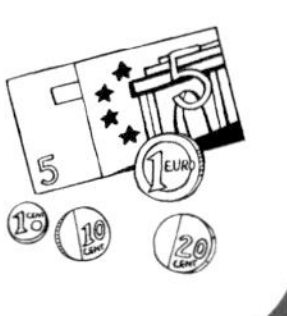

1. Wie viel Euro sind es?

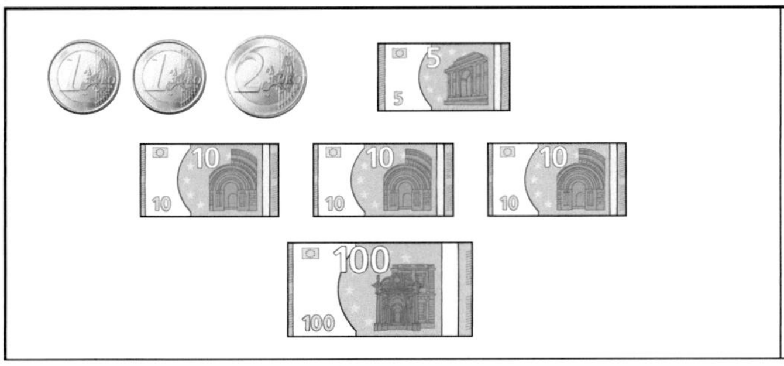

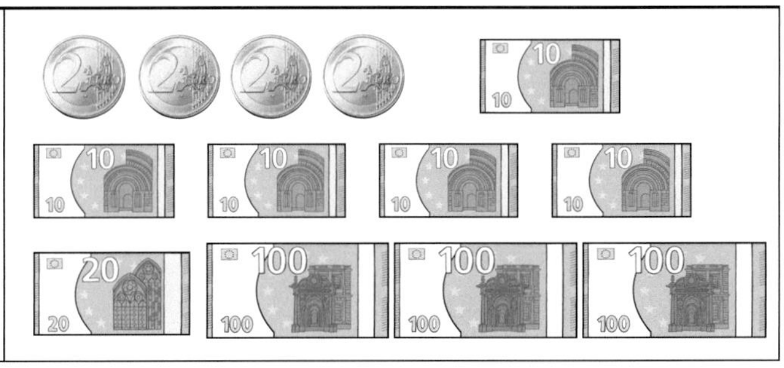

................................€ ....€

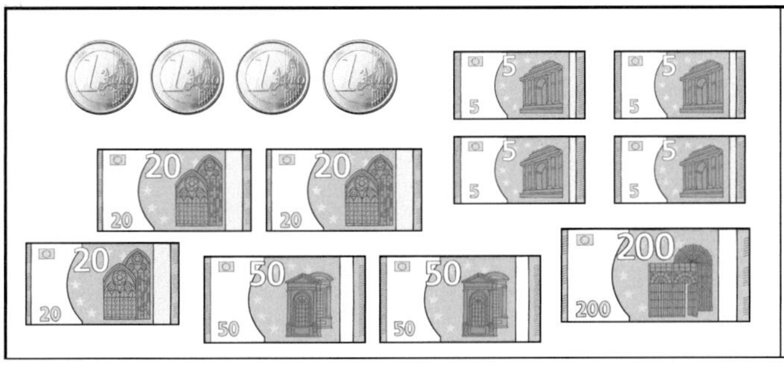

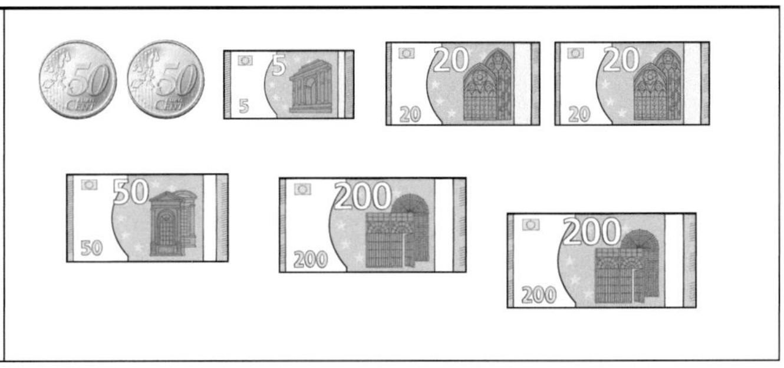

................................€ ....€

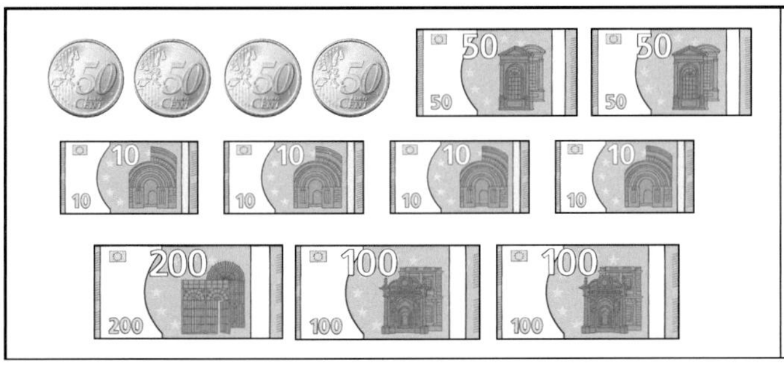

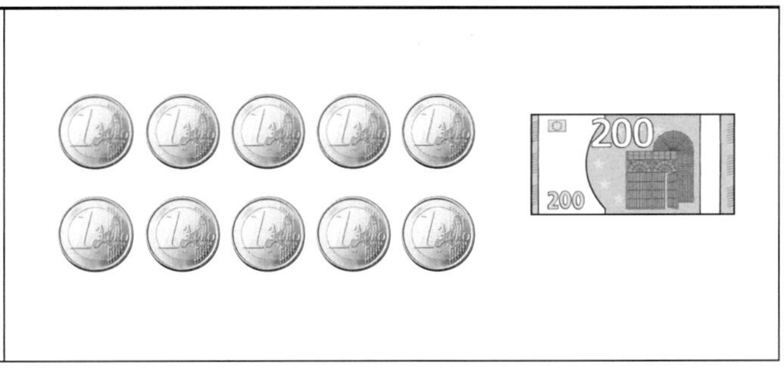

................................€ ....€

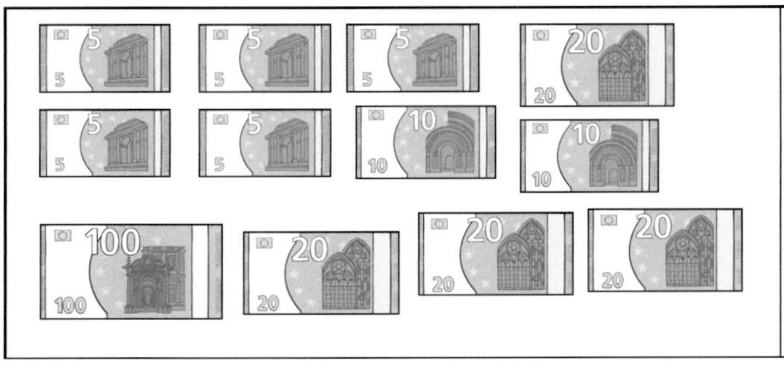

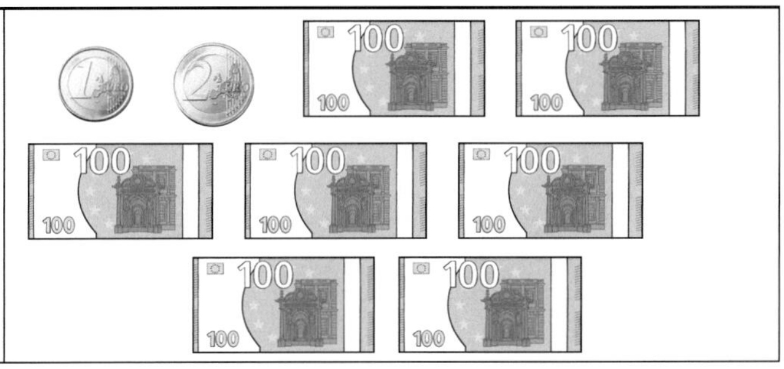

................................€ ....€

2. Kreise den höchsten Geldbetrag rot ein.
Kreise den niedrigsten Geldbetrag gelb ein.

 | ISBN 978-3-8346-3049-0 | www.verlagruhr.de

Ein Preis – drei Schreibweisen

1. Immer 3 Schilder gehören zusammen. Male sie in der gleichen Farbe an.

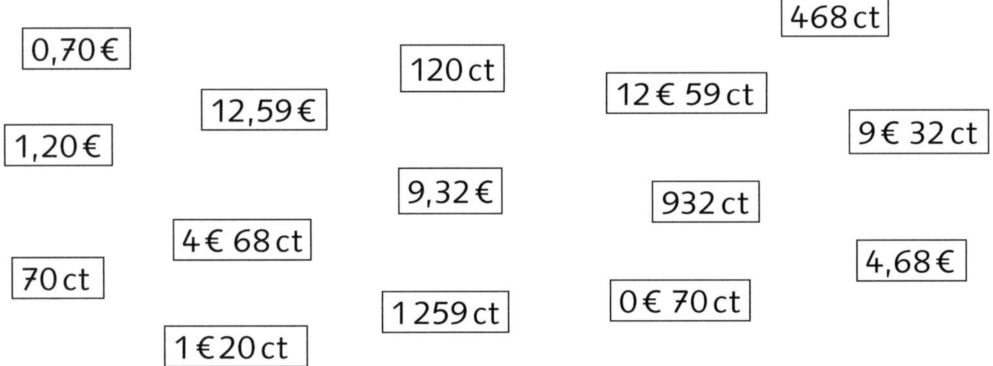

2. Vervollständige die Tabelle.

165 ct			850 ct	
1 € 65 ct	4 € 37 ct			2 € 99 ct
1,65 €		9,22 €		

307 ct		64 ct		1 430 ct
3 € 7 ct			10 € 20 ct	
3,07 €	0,50 €			

3. Schreibe als Kommazahl.

2 € 69 ct = ... €

4 € 97 ct = ... €

6 € 15 ct = ... €

0 € 31 ct = ... €

8 € 02 ct = ... €

17 € 24 ct = ... €

Abb.: © Anja Boretzki

Rechnen mit Geld – bis 10 Euro

1. Addiere.

30 ct + 55 ct = ... 27 ct + 32 ct = ... 65 ct + 17 ct = ...

47 ct + 36 ct = ... 63 ct + 28 ct = ... 18 ct + 82 ct = ...

29 ct + 79 ct = ... 41 ct + 57 ct = ... 57 ct + 33 ct = ...

2. Subtrahiere.

90 ct – 45 ct = ... 83 ct – 21 ct = ... 100 ct – 65 ct = ...

80 ct – 67 ct = ... 99 ct – 46 ct = ... 100 ct – 27 ct = ...

75 ct – 40 ct = ... 67 ct – 38 ct = ... 100 ct – 93 ct = ...

3. Addiere die Kommabeträge.

2,50 € + 0,30 € = ...,............ € 1,75 € + 1,10 € = ...,............ €

3,20 € + 0,40 € = ...,............ € 2,33 € + 2,40 € = ...,............ €

5,30 € + 0,54 € = ...,............ € 4,56 € + 3,33 € = ...,............ €

2,34 € + 1,61 € = ...,............ € 6,18 € + 3,80 € = ...,............ €

4. Subtrahiere die Kommabeträge.

7,60 € – 0,40 € = ...,............ € 8,37 € – 7,00 € = ...,............ €

9,90 € – 0,70 € = ...,............ € 5,54 € – 0,50 € = ...,............ €

8,60 € – 0,39 € = ...,............ € 7,68 € – 0,25 € = ...,............ €

8,64 € – 3,64 € = ...,............ € 3,45 € – 1,75 € = ...,............ €

5. Ergänze.

2,47 € + ... = 3,00 € 6,50 € – .... = 6,00 €

3,70 € + ... = 4,00 € 3,99 € – .... = 3,00 €

Rechnen mit Geld – bis 100 Euro

1. Addiere.

36,00 € + 7,00 € = ...,.......... €

25,00 € + 4,80 € = ...,.......... €

54,60 € + 8,00 € = ...,.......... €

16,60 € + 22,30 € = ...,.......... €

32,10 € + 41,80 € = ...,.......... €

41,20 € + 37,60 € = ...,.......... €

42,30 € + 6,20 € = ...,.......... €

68,00 € + 9,35 € = ...,.......... €

74,63 € + 8,00 € = ...,.......... €

30,40 € + 25,30 € = ...,.......... €

52,55 € + 16,20 € = ...,.......... €

78,46 € + 21,10 € = ...,.......... €

2. Subtrahiere.

58,00 € – 6,00 € = ...,.......... €

85,00 € – 9,00 € = ...,.......... €

72,50 € – 4,00 € = ...,.......... €

35,50 € – 12,00 € = ...,.......... €

74,60 € – 18,00 € = ...,.......... €

53,80 € – 24,00 € = ...,.......... €

39,30 € – 8,00 € = ...,.......... €

27,75 € – 9,00 € = ...,.......... €

64,32 € – 6,00 € = ...,.......... €

49,30 € – 8,10 € = ...,.......... €

62,70 € – 11,50 € = ...,.......... €

91,50 € – 28,10 € = ...,.......... €

3. Ergänze.

25,00 € + ... = 30,00 €

48,00 € + ... = 50,00 €

37,00 € + ... = 40,00 €

54,00 € – .... = 50,00 €

98,00 € – .... = 90,00 €

76,00 € – .... = 70,00 €

57,90 € + ... = 60,00 €

72,50 € + ... = 80,00 €

86,80 € + ... = 90,00 €

79,30 € – .... = 70,00 €

48,65 € – .... = 40,00 €

32,59 € – .... = 30,00 €

Abb.: © Anja Boretzki

Am Zoo-Kiosk

Wie viel Geld bekommst du zurück?

Du hast: 10€	Du hast: 10€	Du hast: 10€
Es kostet:	Es kostet:	Es kostet:
Rückgeld:	Rückgeld:	Rückgeld: ....

Du hast: 15€	Du hast: 15€	Du hast: 15€
Es kostet:	Es kostet:	Es kostet:
Rückgeld:	Rückgeld:	Rückgeld: ....

Du hast: 20€	Du hast: 20€	Du hast: 20€
Es kostet:	Es kostet:	Es kostet:
Rückgeld:	Rückgeld:	Rückgeld: ....

Am Zoo-Kiosk – Rechnen mit dem Überschlag

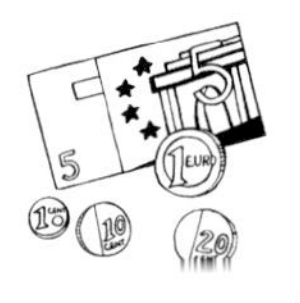

Schaue dir die Wünsche der Kinder an.
Überschlage und kreuze an, ob das Geld der Kinder reicht.

Clemens			
	Überschlag:	Überschlag:	Überschlag:
	Das Geld reicht. ☐ Ja ☐ Nein	Das Geld reicht. ☐ Ja ☐ Nein	Das Geld reicht. ☐ Ja ☐ Nein

Elsa			
	Überschlag:	Überschlag:	Überschlag:
	Das Geld reicht. ☐ Ja ☐ Nein	Das Geld reicht. ☐ Ja ☐ Nein	Das Geld reicht. ☐ Ja ☐ Nein

Schriftliche Addition und Subtraktion bis 1000 Euro

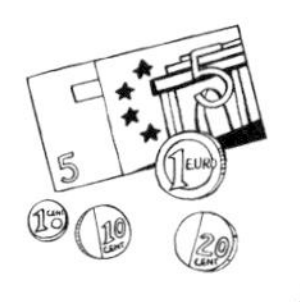

1. Addiere schriftlich.

	3	2	4,	7	5	€
+	1	5	3,	1	4	€
						€

	2	4	6,	3	8	€
+	2	3	2,	6	1	€
						€

	5	1	2,	9	3	€
+	3	8	6,	0	4	€
						€

	3	7	2,	6	7	€
+	2	1	4,	9	2	€
						€

	6	6	0,	1	4	€
	2	5	9,	7	4	€
+		1	2,	9	5	€
						€

	2	3	4,	5	6	€
	5	6	1,	4	0	€
+	1	0	3,	7	7	€
						€

	1	8	9,	2	8	€
		9	9,	9	9	€
+	4	7	8,	9	1	€
						€

	4	3	7,	4	4	€
	1	9	8,	7	6	€
+		5	5,	9	9	€
						€

	6	4	9,	3	8	€
	1	9	5,	1	5	€
		1	6,	4	3	€
+		5	7,	5	1	€
						€

		2	8,	8	0	€
	7	0	4,	7	8	€
		2	3,	9	6	€
+			8,	5	3	€
						€

	3	6	3,	3	9	€
	1	9	4,	7	6	€
		1	8,	9	9	€
+	2	9	4,	2	0	€
						€

	4	2	9,	5	3	€
		7	3,	6	2	€
		1	7,	0	4	€
+	3	8	4,	6	3	€
						€

2. Subtrahiere schriftlich.

	8	4	6,	7	6	€
–	4	1	5,	2	3	€
						€

	8	7	8,	5	6	€
–	5	5	3,	2	5	€
						€

	6	9	9,	6	8	€
–	3	7	5,	0	6	€
						€

	7	8	3,	4	7	€
–	3	2	4,	3	5	€
						€

	9	6	8,	3	4	€
–	8	5	8,	3	7	€
						€

	6	9	6,	1	3	€
–	3	1	7,	4	3	€
						€

	7	3	4,	2	1	€
–	1	9	9,	8	9	€
						€

	3	1	2,	1	3	€
–	1	7	8,	9	9	€
						€

	6	6	0,	8	5	€
	4	4	1,	6	2	€
–		3	5,	8	4	€
						€

	6	7	8,	4	9	€
	2	3	4,	6	1	€
–	1	8	9,	0	5	€
						€

	8	4	6,	9	2	€
		8	9,	3	6	€
–	2	8	1,	7	0	€
						€

	9	2	9,	3	8	€
	5	0	4,	8	4	€
–	1	9	5,	5	2	€
						€

Schriftliche Multiplikation und Division mit Geldbeträgen

1. Multipliziere schriftlich.

2	9,	5	2	€	·	4	
						8	€

3	8	1,	0	2	€	·	7	
								€

1	2	6	3,	7	4	€	·	4	
									€

9,	3	1	€	·	3	8	
							€
							€
							€

2	3,	4	5	€	·	7	4	
								€
								€
								€

7	2,	6	0	€	·	8	9	
								€
								€
								€

2. Dividiere schriftlich.

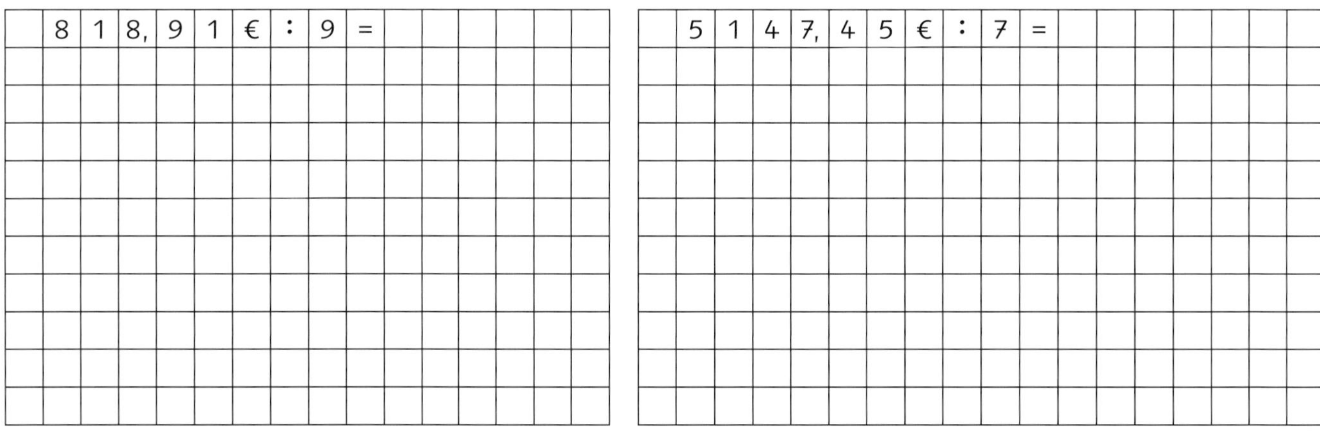

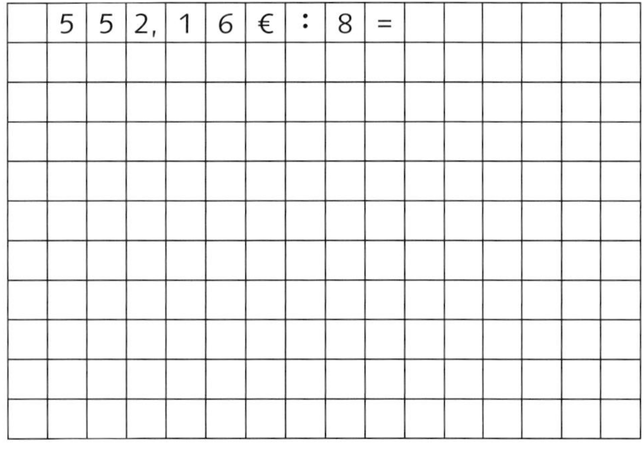

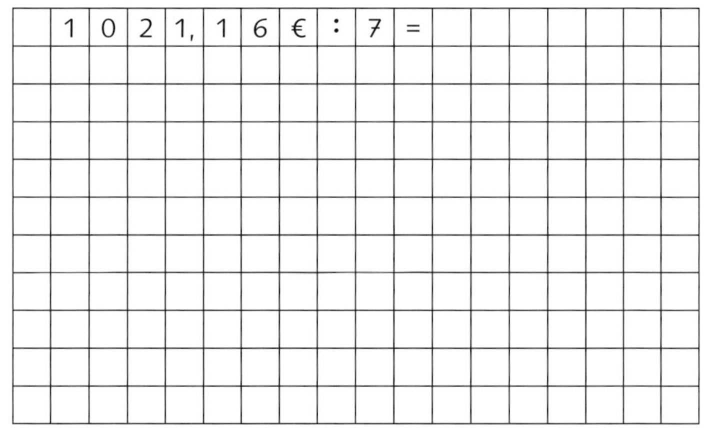

Im Reisebüro

Berlin 7 Tage Busreise
441 € pro Person

Berlin 3 Tage Busreise
210 € pro Person

Berlin 5 Tage Busreise
400 € pro Person

Sonderangebot:

Paris
3 Tage inkl. Flug
und 2 Übernachtungen
270 € pro Person

Hin- und Rückflug
Paris 120 € pro Person

Hotelübernachtung
Paris 85 € pro Nacht

London 5 Tage Busreise
450 € pro Person

London 4 Tage Flugreise
440 € pro Person

Wien 6 Tage Busreise
300 € pro Person

Wien 7 Tage Flugreise
385 € pro Person

1. Herr und Frau Schlott wollen nach Berlin reisen. Sie überlegen, welches der drei Angebote das beste ist. Welches Angebot kannst du ihnen empfehlen? Begründe deine Antwort.

2. Marvin schaut sich das Angebot für eine Paris-Reise an. Er überlegt. Ist das Sonderangebot wirklich günstiger als der Normalpreis? Wie viel Geld würde er sparen?

3. Herr und Frau Blank haben 800 € gespart. Sie wollen möglichst lange verreisen. Welche Reise kannst du ihnen empfehlen? Begründe deine Antwort.

4. Paul steht vor dem Reisebüro und würde gern eine Flugreise machen. Er kennt alle Städte noch nicht. Welche Flugreise wäre am günstigsten?

Wie lang ist es?

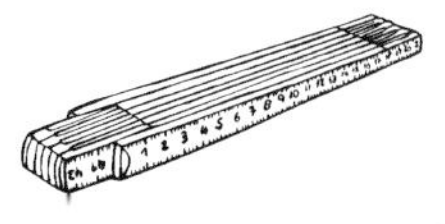

1. Was gehört zusammen? Verbinde.

1,80 m 368 m 2 mm 4,50 m 10 cm 50 cm 130 m 15 m 200 m

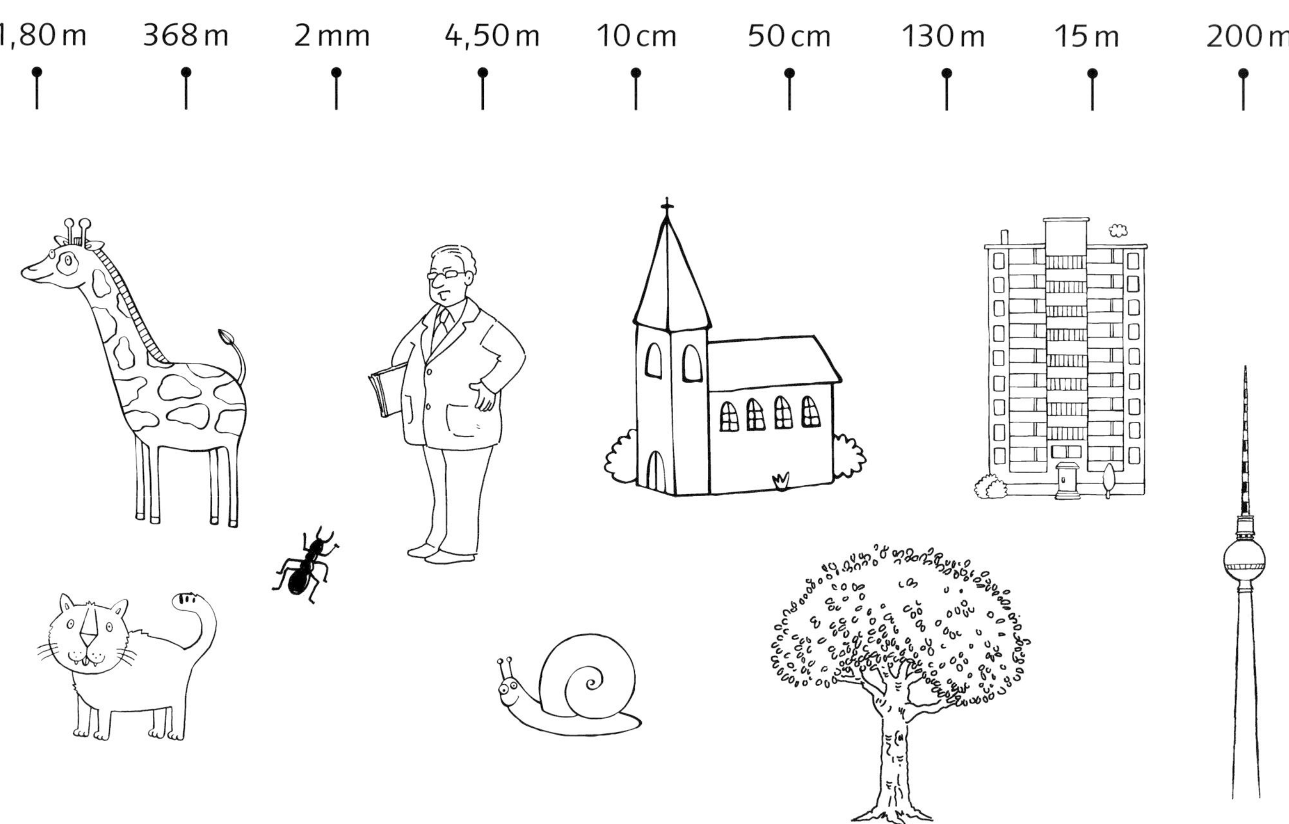

**2. Wie lang sind die Sachen? Schätze zuerst die Länge.
Miss dann mit einem Maßband oder Zollstock nach.**

	geschätzt	gemessen
1. Länge der aufgeklappten Tafel		
2. Höhe der Tür		
3. Länge des Klassenzimmers		
4. Schulflur		
5.		
6.		
7.		
8.		
9.		
10.		

3. Suche noch 6 eigene Dinge. Schätze zuerst und miss dann nach.

© Verlag an der Ruhr | Autorin: Stephanie Cech-Wenning | ISBN 978-3-8346-3049-0 | www.verlagruhr.de

Weitwurf

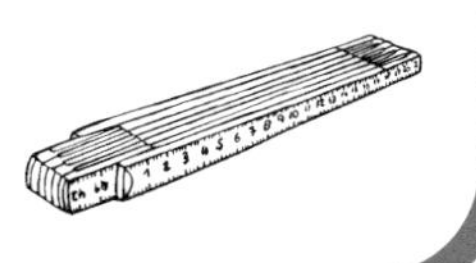

1. Lies dir den Text gut durch.

Beim Sportfest müssen alle Kinder Weitwurf machen.

⇨ Julius, Anna und Maurice vergleichen ihre Ergebnisse. Julius wirft beim 1. Mal 16 m, beim 2. Mal sogar 22 m. Sein letzter Wurf ist 3 m kürzer als der zweite Wurf.

⇨ Anna wirft 2-mal 17 m. Beim 3. Wurf schafft sie 4 m mehr.

⇨ Maurice wirft beim 1. Mal 24 m. Sein zweiter Wurf ist 5 m kürzer. Beim letzten Wurf wirft er halb so weit wie beim 1. Wurf.

2. Trage die Daten aus dem Text in die Tabelle ein.

	1. Wurf	**2. Wurf**	**3. Wurf**
Julius			
Anna			
Maurice			

3. Zeichne die geworfenen Weiten in das Säulendiagramm ein.

25 m									
20 m									
15 m									
10 m									
5 m									
	1.	**2.**	**3.**	**1.**	**2.**	**3.**	**1.**	**2.**	**3.**
		Julius			**Anna**			**Maurice**	

Umwandeln

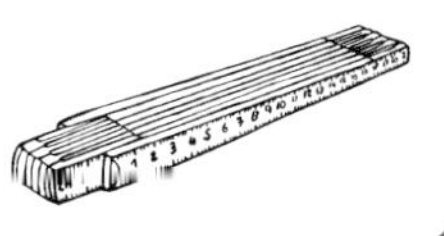

1. Immer 3 Schilder gehören zusammen. Male sie in der gleichen Farbe an.

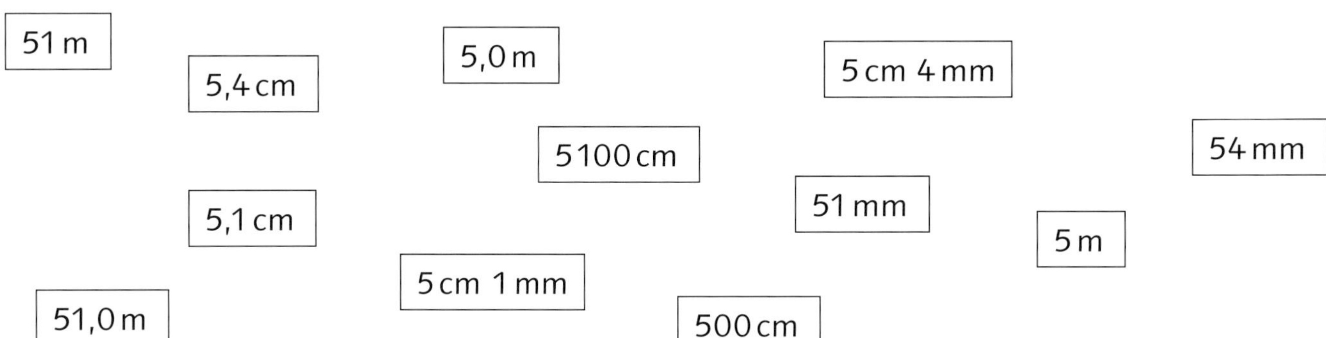

2. Schreibe in Millimeter.

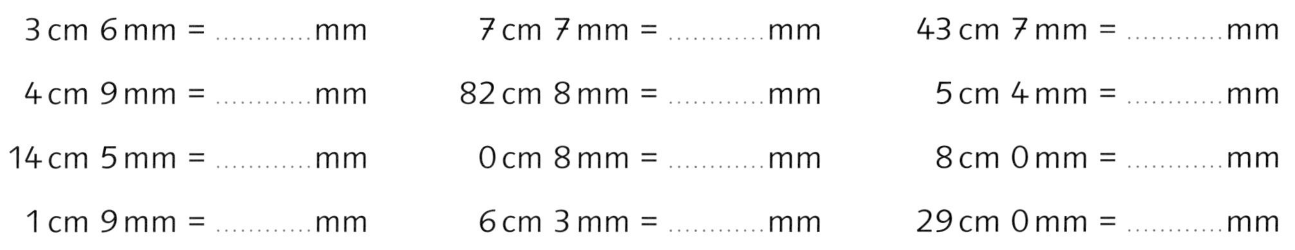

3 cm 6 mm = ... mm
7 cm 7 mm = ... mm
43 cm 7 mm = ... mm

4 cm 9 mm = ... mm
82 cm 8 mm = ... mm
5 cm 4 mm = ... mm

14 cm 5 mm = ... mm
0 cm 8 mm = ... mm
8 cm 0 mm = ... mm

1 cm 9 mm = ... mm
6 cm 3 mm = ... mm
29 cm 0 mm = ... mm

3. Schreibe in Zentimeter.

4 m 35 cm = ... cm
5 m 20 cm = ... cm
3 m 26 cm = ... cm

2 m 23 cm = ... cm
4 m 69 cm = ... cm
3 m 33 cm = ... cm

9 m 46 cm = ... cm
9 m 28 cm = ... cm
1 m 80 cm = ... cm

8 m 16 cm = ... cm
4 m 7 cm = ... cm
7 m 5 cm = ... cm

4. Schreibe die Längen zuerst in die Stellentafel und dann mit Komma.

	1 m	10 cm	1 cm	
372 cm				3,72 m
109 cm				....
646 cm				....
89 cm				....
234 cm				....
444 cm				....

	1 m	10 cm	1 cm	
832 cm				....
568 cm				....
93 cm				....
270 cm				....
800 cm				....
387 cm				....

Rechnen mit Längen – bis 1 Kilometer

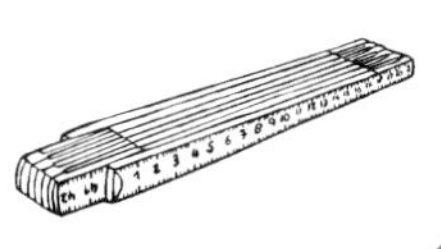

1. Ergänze zu einem Kilometer.

300 m + ... m = 1 km
360 m + ... m = 1 km
724 m + ... m = 1 km

500 m + ... m = 1 km
190 m + ... m = 1 km
485 m + ... m = 1 km

750 m + ... m = 1 km
60 m + ... m = 1 km
505 m + ... m = 1 km

680 m + ... m = 1 km
965 m + ... m = 1 km
93 m + ... m = 1 km

240 m + ... m = 1 km
370 m + ... m = 1 km
7 m + ... m = 1 km

2. Addiere.

2,50 m + 3,40 m = ...
5,60 m + 2,20 m = ...
1,80 m + 6,10 m = ...

2,30 m + 8,30 m = ...
6,50 m + 2,50 m = ...
4,60 m + 1,70 m = ...

240 m + 105 m = ...
430 m + 280 m = ...
356 m + 240 m = ...

715 m + 155 m = ...
125 m + 39 m = ...
603 m + 89 m = ...

3. Subtrahiere.

1,60 m – 1,40 m = ...
2,60 m – 2,10 m = ...
5,80 m – 4,70 m = ...

9,90 m – 5,90 m = ...
8,70 m – 3,30 m = ...
4,50 m – 0,40 m = ...

550 m – 130 m = ...
620 m – 315 m = ...
900 m – 482 m = ...

880 m – 267 m = ...
1 000 m – 355 m = ...
1 000 m – 198 m = ...

4. Verdopple.

Länge	**250 m**	**405 m**	**146 m**	**380 m**	**202 m**	**99 m**	**498 m**
das Doppelte							

5. Halbiere.

Länge	**1000 m**	**350 m**	**406 m**	**280 m**	**660 m**	**112 m**	**708 m**
die Hälfte							

Stellentafeln und Kommazahlen

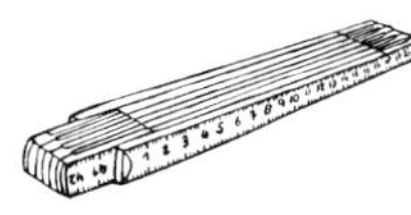

1. Schreibe die Längen zuerst in die Stellentafel und dann mit Komma.

	1 km	100 m	10 m	1 m	
9 235 m					....
1 935 m					....
5 825 m					....
3 867 m					....
5 923 m					....
8 345 m					....
5 600 m					....
2 798 m					....

2. Schreibe die Längen mit Komma.

a) 18 mm = ... cm
45 mm = ... cm
93 mm = ... cm
71 mm = ... cm
80 mm = ... cm

9 mm = ... cm
57 mm = ... cm
46 mm = ... cm
33 mm = ... cm
27 mm = ... cm

b) 123 cm = ... m
674 cm = ... m
393 cm = ... m
568 cm = ... m
112 cm = ... m

270 cm = ... m
406 cm = ... m
600 cm = ... m
724 cm = ... m
108 cm = ... m

c) 5 782 m = ... km
9 277 m = ... km
4 562 m = ... km
1 947 m = ... km
7 080 m = ... km

6 200 m = ... km
895 m = ... km
8 062 m = ... km
3 107 m = ... km
2 293 m = ... km

3. Wandle um.

½ m = ... cm
¼ m = ... cm
¾ m = ... cm

½ km = ... m
¼ km = ... m
¾ km = ... m

© Verlag an der Ruhr | Autorin: Stephanie Cech-Wenning | ISBN 978-3-8346-3049-0 | www.verlagruhr.de

Wie weit ist es?

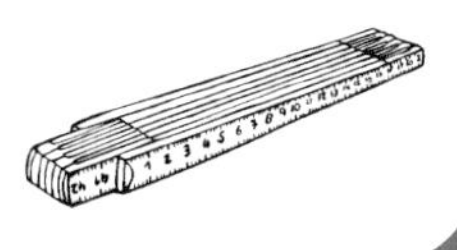

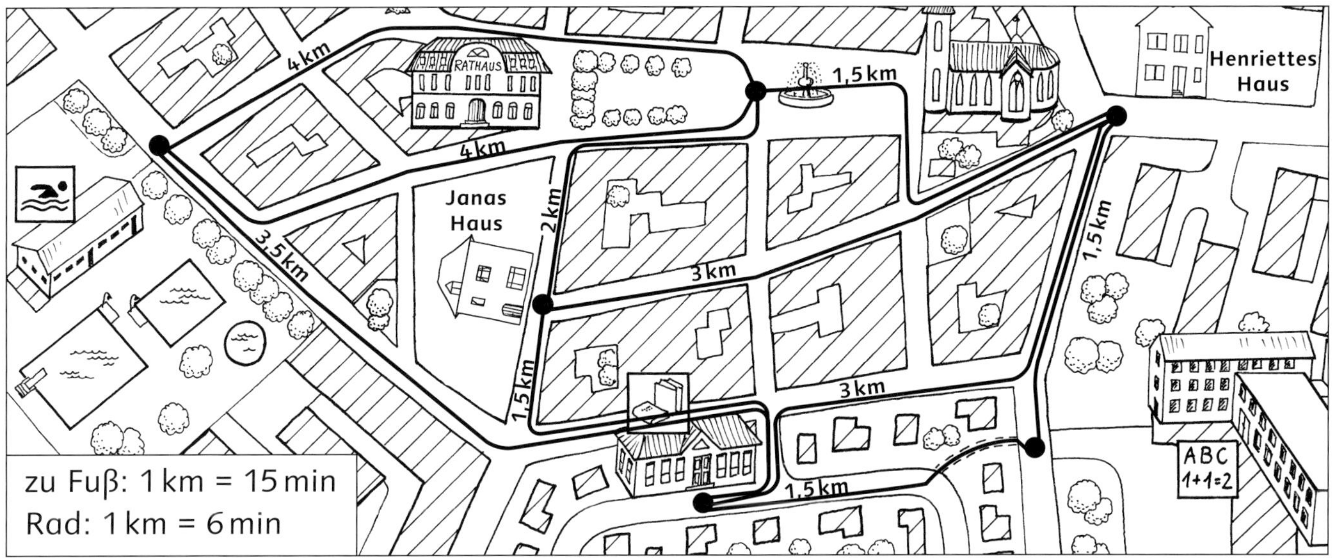

1. a) Henriette fährt mit dem Rad zur Schule, danach in die Bücherei und von dort wieder zurück nach Hause. Wie viele km ist sie insgesamt gefahren?

Rechnung: ....

Antwort: ....

b) Wie viel Fahrzeit hatte sie insgesamt?

Rechnung: ....

Antwort: ....

2. a) Henriette macht mit Jana eine Radtour. Sie starten bei Henriette und kommen an der Schule, Bücherei und zum Schluss am Schwimmbad vorbei. Ihre Radtour endet wieder bei Henriette. Wie viele km sind sie gefahren?

Rechnung: ....

Antwort: ....

b) Wie lange haben sie mit dem Rad für die Strecke gebraucht?

Rechnung: ....

Antwort: ....

3. Überlege dir eigene Fragen und stelle sie deinem Partner.

Rechnen mit Längen

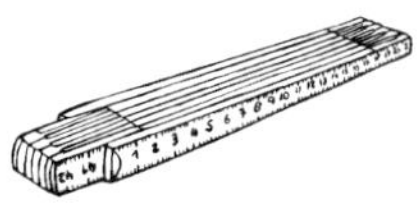

1. Rechne. Wandle, wenn nötig, zuerst um.

2890 m + 5 km = ...

8432 m + 2 km 200 m = ...

5 km 40 m + 300 m = ...

10 km 35 m + 270 m = ...

56 km 482 m + 4 km 200 m = ...

7250 m – 3 km = ...

4380 m – 2 km 100 m = ...

9 km 350 m – 4 km 215 m = ...

40 km 699 m – 2450 m = ...

8367 m – 7 km 171 m = ...

2. Schriftlich, halbschriftlich oder im Kopf?

16,5 km + 4,8 km + 2,9 km = ...

35,320 km + 10,5 km + 8,4 km = ...

16,480 km + 12,302 km + 13,650 km = ...

3,378 km + 4,577 km + 9,222 km = ...

45,9 km – 10,2 km – 15,8 km = ...

89,450 km – 50,1 km – 22,250 km = ...

99,909 km – 30,6 km – 30,233 km = ...

87,126 km – 24,257 km – 41,916 km = ...

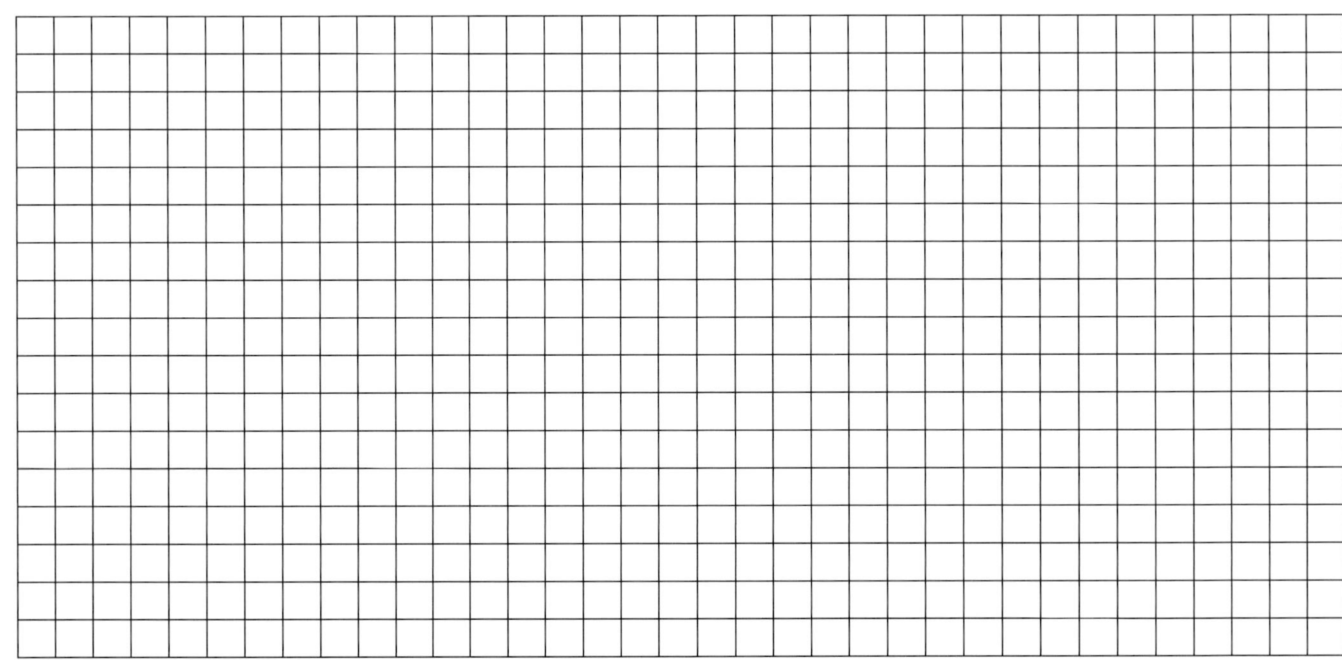

Abb.: © Anja Boretzki

Der Maßstab – verkleinerte und vergrößerte Welt

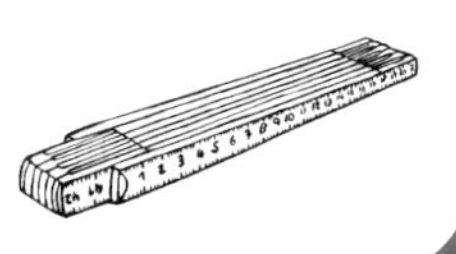

Was bedeutet Maßstab?

Wenn man Dinge zeichnet oder nachbaut, ist ihre Größe anders als in der Wirklichkeit. Das heißt, dass sie in einem anderen Maßstab dargestellt sind. Wenn sie in Wirklichkeit 10-mal so groß sind wie auf einer Zeichnung, heißt der Maßstab 1:10. Ein Maßstab von 1:1 bedeutet dann, Zeichnung und echter Gegenstand sind genau gleich groß. Bestimmt hast du die Angabe für den Maßstab schon einmal auf einer Landkarte oder einem Stadtplan gesehen.

1. Hier sind die Tiere halb so groß gezeichnet, wie sie in Wirklichkeit sind (Maßstab 1:2). Miss sie zuerst. Rechne dann aus, wie groß sie in Wirklichkeit sind.

Tier	Zeichnung	Wirklichkeit
Regenwurm	cm	cm
Lurch		
Maus		
Frosch		

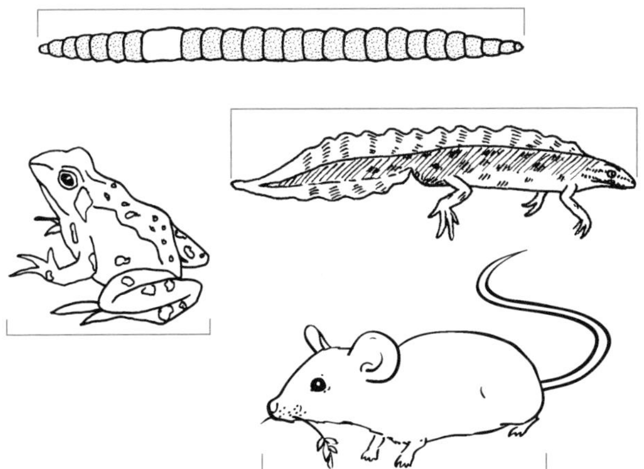

2. Hier sind die Tiere doppelt so groß gezeichnet, wie sie in Wirklichkeit sind (Maßstab 2:1). Miss sie zuerst. Rechne dann aus, wie groß sie in Wirklichkeit sind.

Tier	Zeichnung	Wirklichkeit
Ameise	cm	cm
Schmetterling		
Marienkäfer		
Mücke		

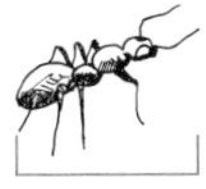

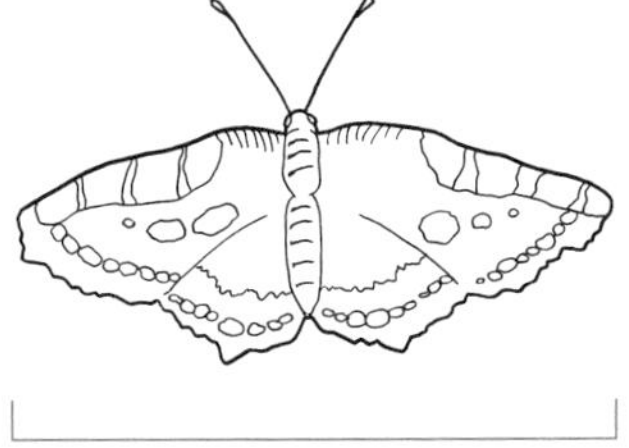

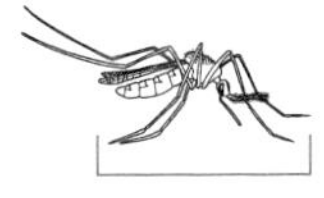

Abb. Kopfzeile: © Anja Boretzki; Regenwurm, Frosch: © Verlag an der Ruhr; Lurch: © Astrid Wilkesmann; Maus, Schmetterling: © Dorothee Wolters; Ameise: © Petra Lefin; Marienkäfer: © Jens Müller; Mücke: © Magnus Siemens

Verschiedene Maßstäbe

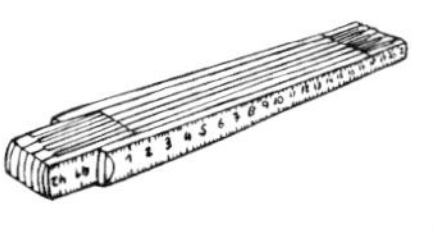

1. **Hier sind Gegenstände verkleinert. Sie sind im Maßstab 1:10 abgebildet. Das heißt, dass sie in Wirklichkeit 10-mal so groß sind wie auf der Zeichnung. Miss und fülle die Tabelle aus.**

Gegenstand	Zeichnung	Wirklichkeit
Heft	cm	cm
Vase		
Schultasche		
Stuhl		

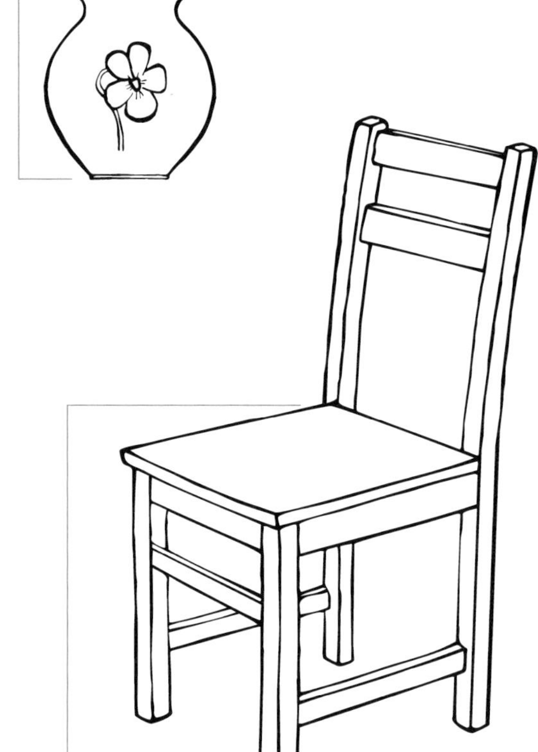

2. **Rechne um.**

Maßstab 1:10

Zeichnung/ Modell	Wirklichkeit
1 cm	
2,5 cm	
45 cm	
	50 cm
	820 m
	180 km

Maßstab 1:100

Zeichnung/ Modell	Wirklichkeit
2 cm	
4,5 cm	
68 cm	
	120 cm
	300 m
	2 800 km

Maßstab 1:1000

Zeichnung/ Modell	Wirklichkeit
8 cm	
12,5 cm	
23,9 cm	
	2 400 cm
	4 600 m
	9 200 km

© Verlag an der Ruhr | Autorin: Stephanie Cech-Wenning | ISBN 978-3-8346-3049-0 | www.verlagruhr.de

Wie schwer ist es?

Verbinde.

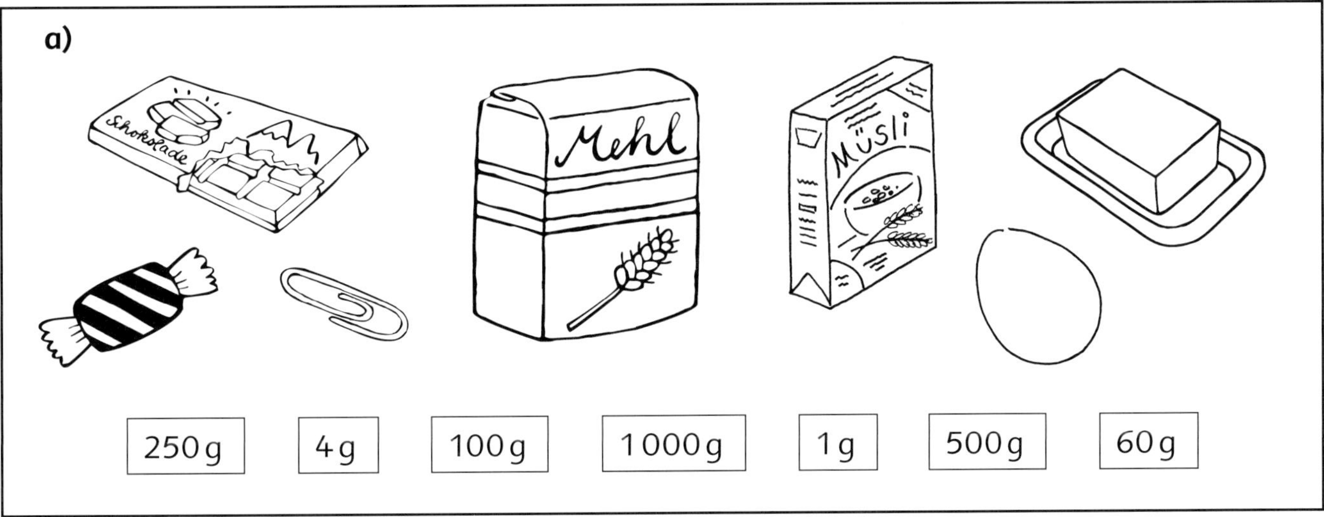

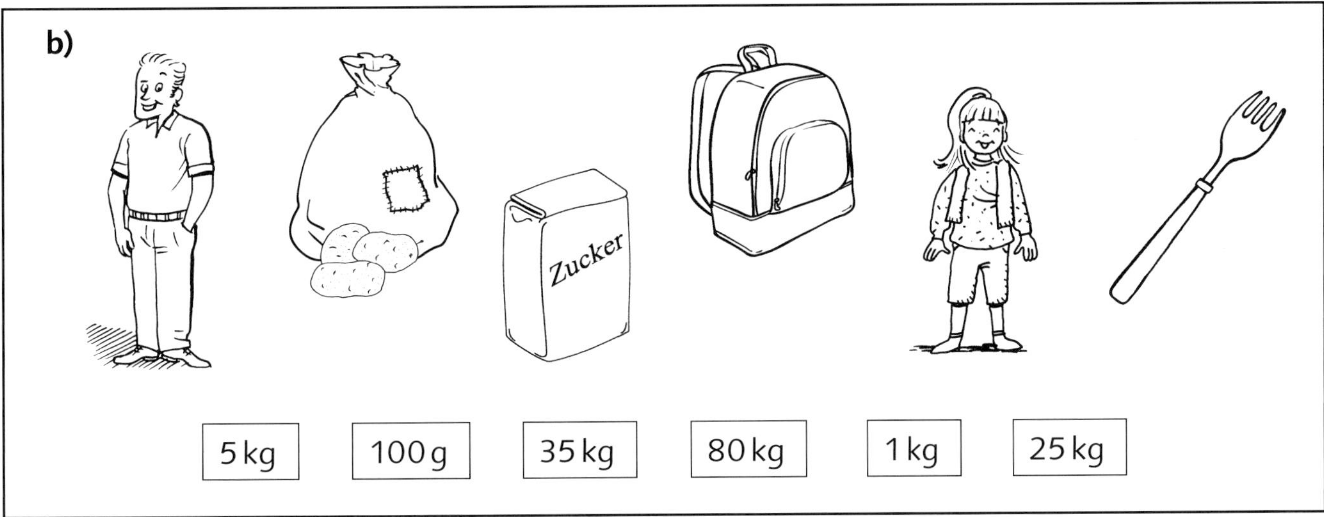

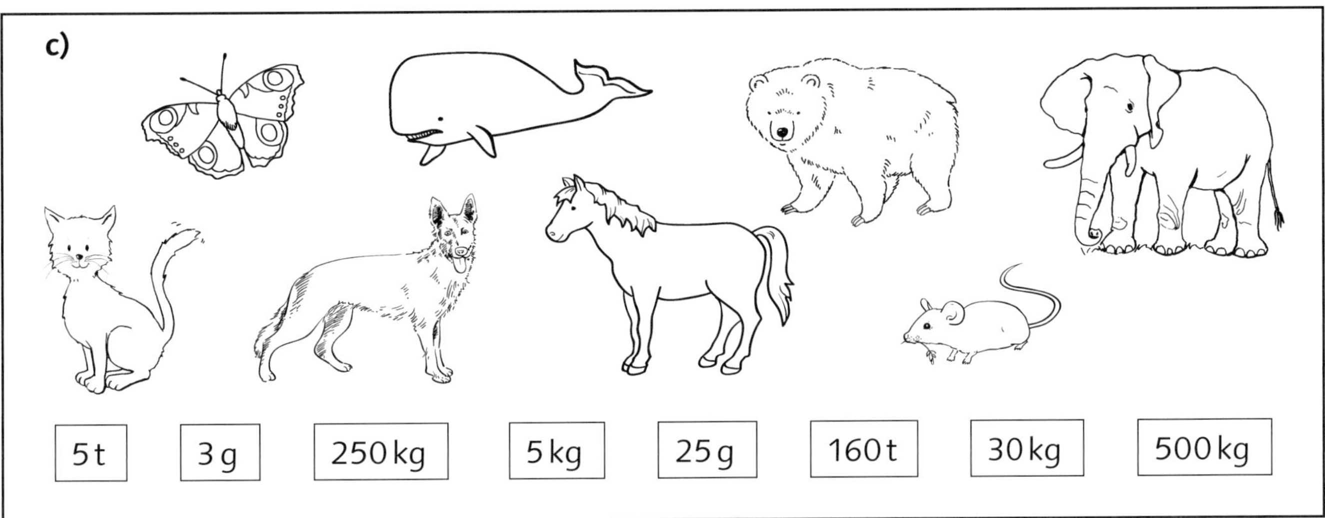

Gewichte ablesen

Schreibe das Gesamtgewicht auf.

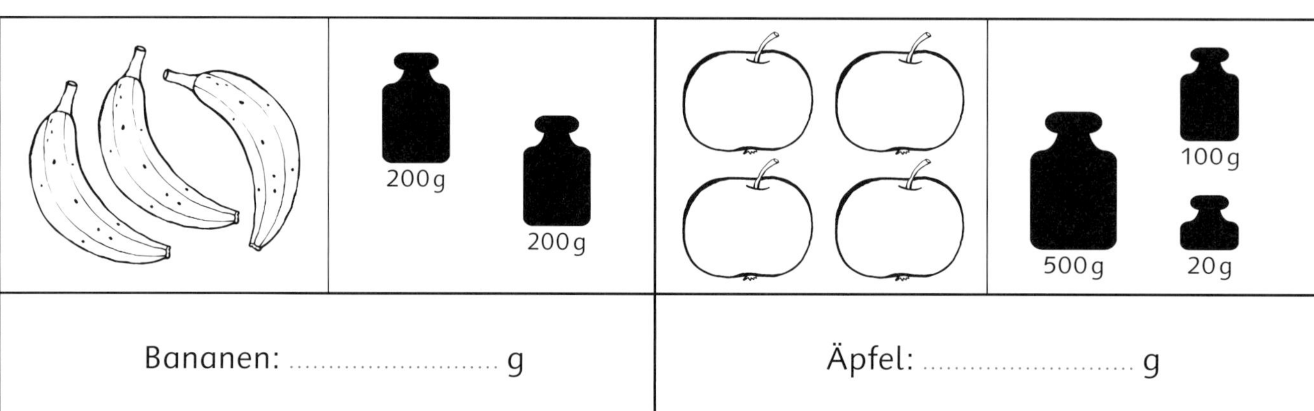

Bananen: .... g

Äpfel: .... g

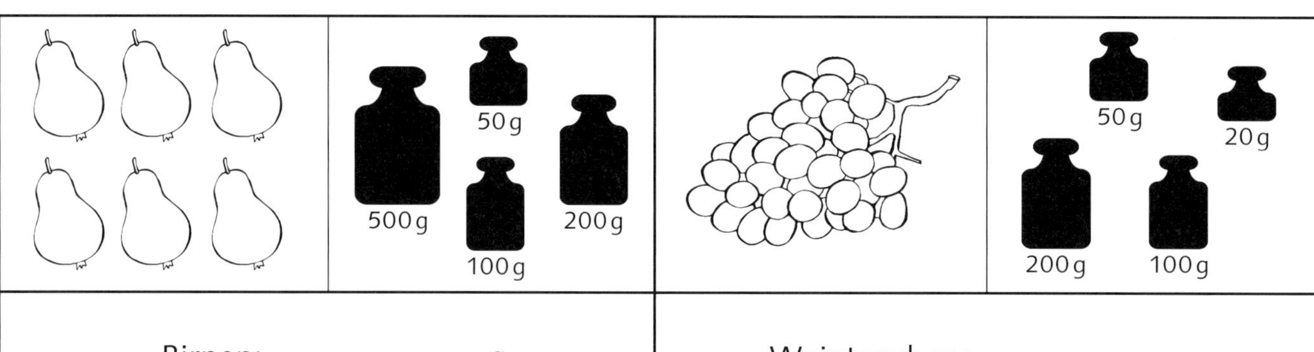

Birnen: .... g

Weintrauben: .... g

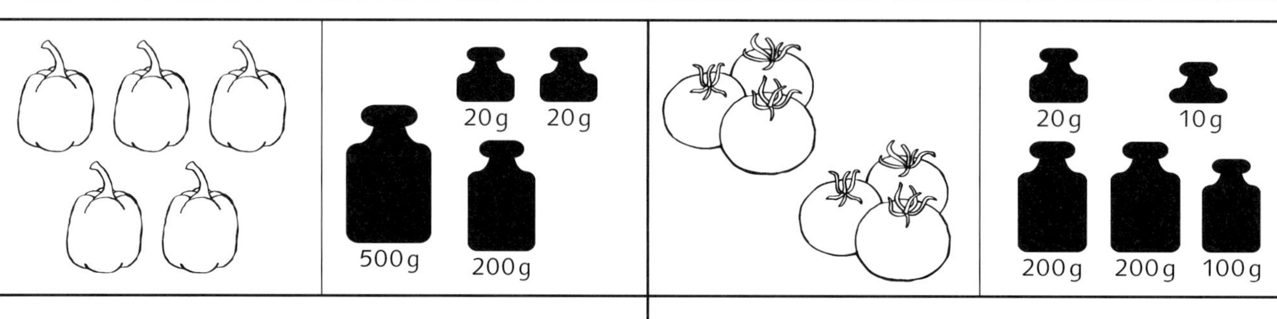

Paprika: .... g

Tomaten: .... g

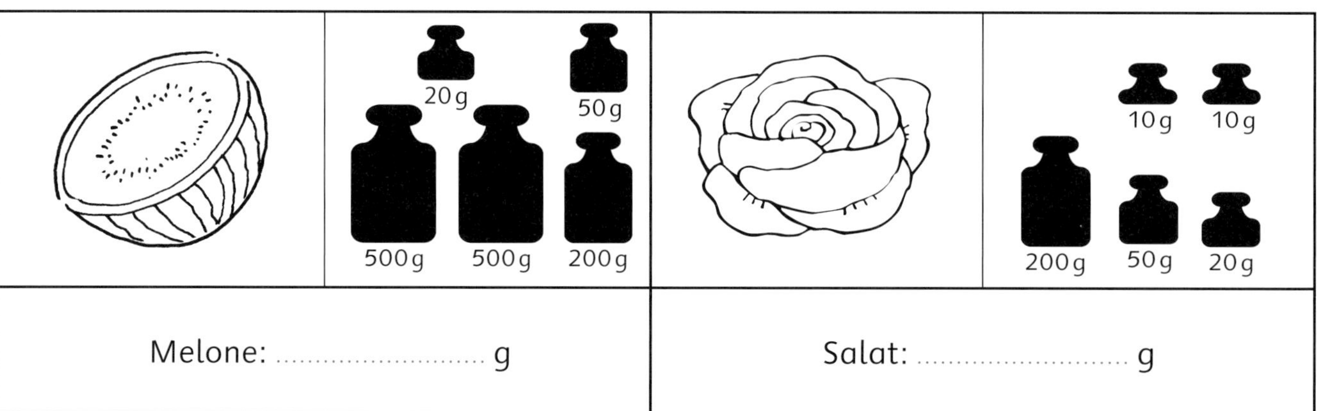

Melone: .... g

Salat: .... g

Immer 1 Kilogramm

1. **Kreise alles, was schwerer als 1 kg ist, rot ein.**
   Kreise alles, was leichter als 1 kg ist, grün ein.

2. **Ergänze.**

700 g + ... g = 1 kg	850 g + ... g = 1 kg	910 g + ... g = 1 kg
620 g + ... g = 1 kg	270 g + ... g = 1 kg	865 g + ... g = 1 kg
390 g + ... g = 1 kg	640 g + ... g = 1 kg	795 g + ... g = 1 kg
100 g + ... g = 1 kg	245 g + ... g = 1 kg	572 g + ... g = 1 kg
820 g + ... g = 1 kg	75 g + ... g = 1 kg	186 g + ... g = 1 kg
430 g + ... g = 1 kg	509 g + ... g = 1 kg	212 g + ... g = 1 kg
205 g + ... g = 1 kg	674 g + ... g = 1 kg	38 g + ... g = 1 kg

3. **Wie viel Gramm sind es?**

1 kg = ... g   ½ kg = ... g   ¼ kg = ... g   ¾ kg = ... g

Umwandeln – Gramm und Kilogramm

1. Immer 3 Schilder gehören zusammen. Male sie in der gleichen Farbe an.

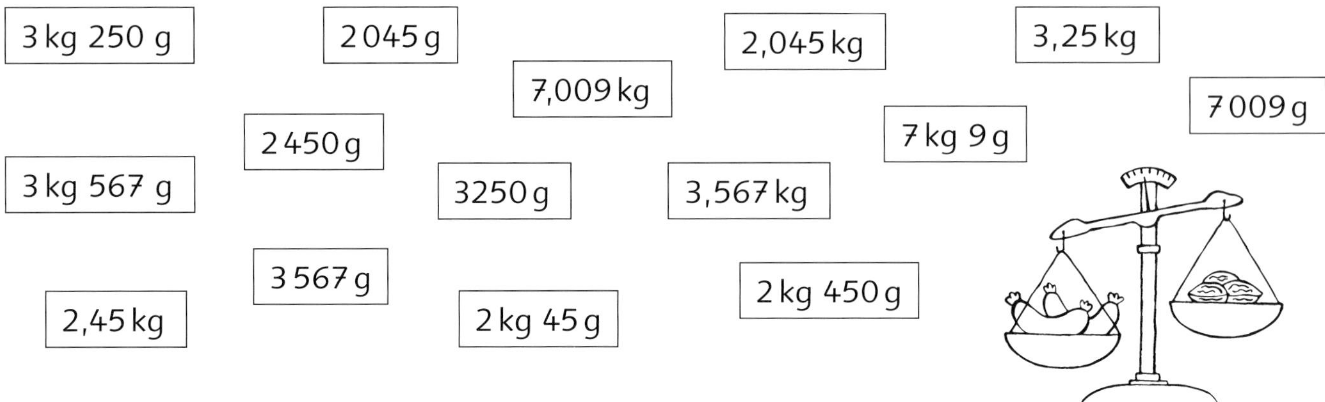

2. Schreibe in Gramm.

1 kg 400 g = ... g
1 kg 250 g = ... g
1 kg 830 g = ... g
1 kg 64 g = ... g

1 kg 340 g = ... g
1 kg 80 g = ... g
1 kg 604 g = ... g
1 kg 9 g = ... g

4 kg 249 g = ... g
5 kg 189 g = ... g
4 kg 27 g = ... g
3 kg 200 g = ... g

3. Schreibe als Kommazahl.

6 kg 230 g = ... kg
1 kg 740 g = ... kg
5 kg 399 g = ... kg
2 kg 70 g = ... kg

6505 g = ... kg
3971 g = ... kg
8278 g = ... kg
9012 g = ... kg

759 g = ... kg
8 g = ... kg
278 g = ... kg
12 g = ... kg

4. Schreibe das Gewicht zuerst in die Stellentafel und dann mit Komma.

	kg	**100 g**	**10 g**	**1 g**	**Kommazahl**
3 kg 199 g	3	1	9	9	
10 kg 204 g					
6789 g					6,789 kg
2007 g					
12386 g					

Abb.: © Anja Boretzki

Ich wiege meine Schultasche

1. **Wie viel wiegen deine Schulsachen?**
   Schätze ihr Gewicht und trage deine Werte in die Tabelle ein.

	geschätzt	gewogen
volle Schultasche		
leere Schultasche		
Lesebuch		
Etui		
Schere		
Mathebuch		

gewogen mit	
Küchen-waage	Personen-waage

2. **Wiege nun alle Sachen. Überlege, welche Waage jeweils die passende ist.**
   Trage deine Ergebnisse auch in die Tabelle ein.

3. **Suche dir noch 7 weitere Dinge. Schätze zuerst und wiege dann.**

4. **Dein Schulranzen sollte so leicht wie möglich sein, damit du keine Rückenprobleme bekommst und du gesund groß werden kannst.**
   Welche Dinge könntest du aus deiner Schultasche aussortieren?
   Hier ein paar Tipps: Mappen ausleeren, nicht benötigte Bücher zu Hause lassen oder im Schulfach parken, volle Hefte zu Hause aufheben, keine überflüssigen Sachen herumtragen …

Rechnen mit Gramm und Kilogramm

1. Addiere.

200 g + 400 g = ... g

500 g + 500 g = ... g

340 g + 220 g = ... g

520 g + 190 g = ... g

400 kg + 300 kg = ... kg

200 kg + 700 kg = ... kg

260 kg + 220 kg = ... kg

470 kg + 180 kg = ... kg

240 g + 310 g = ... g

480 g + 430 g = ... g

425 g + 140 g = ... g

653 g + 250 g = ... g

350 kg + 210 kg = ... kg

440 kg + 150 kg = ... kg

345 kg + 210 kg = ... kg

459 kg + 170 kg = ... kg

2. Subtrahiere.

700 g – 400 g = ... g

490 g – 200 g = ... g

700 g – 480 g = ... g

963 g – 251 g = ... g

800 kg – 600 kg = ... kg

780 kg – 300 kg = ... kg

480 kg – 190 kg = ... kg

635 kg – 210 kg = ... kg

830 g – 420 g = ... g

940 g – 270 g = ... g

849 g – 330 g = ... g

907 g – 235 g = ... g

690 kg – 270 kg = ... kg

880 kg – 560 kg = ... kg

299 kg – 89 kg = ... kg

459 kg – 160 kg = ... kg

3. Lange Aufgaben.

620 g + 80 g + 210 g = ... g

350 kg + 200 kg + 35 kg = ... kg

800 g – 50 g – 200 g = ... g

900 kg – 370 kg – 240 kg = ... kg

690 g + 110 g + 127 g = ... g

210 kg + 150 kg + 103 kg = ... kg

680 g – 170 g – 240 g = ... g

570 kg – 230 kg – 140 kg = ... kg

© Verlag an der Ruhr | Autorin: Stephanie Cech-Wenning | ISBN 978-3-8346-3049-0 | www.verlagruhr.de

Schriftliche Addition und Subtraktion mit Gewichten

1. Addiere schriftlich.

		5,	3	2	1	kg
	+	2,	3	7	5	kg
						kg

		6,	2	1	0	kg
	+	2,	0	9	7	kg
						kg

		3,	4	5	5	kg
	+	0,	4	8	9	kg
						kg

	1	2,	3	4	8	kg
+	2	4,	3	3	7	kg
						kg

		7	6	1,	0	9	7	kg
	+	2	3	5,	6	5	0	kg
								kg

		1	8	9,	7	1	6	kg
	+	2	4	5,	3	2	9	kg
								kg

		4	2	3,	7	3	4	kg
	+	3	8	5,	1	9	9	kg
								kg

		3	5	8,	8	9	2	kg
		3	7	9,	0	0	4	kg
	+			6,	8	7	4	kg
								kg

		7	4	5,	1	9	4	kg
		1	2	3,	0	7	6	kg
	+		9	4,	5	6	1	kg
								kg

				5,	9	6	3	kg
		8	6	5,	4	0	2	kg
	+	1	1	5,	5	3	2	kg
								kg

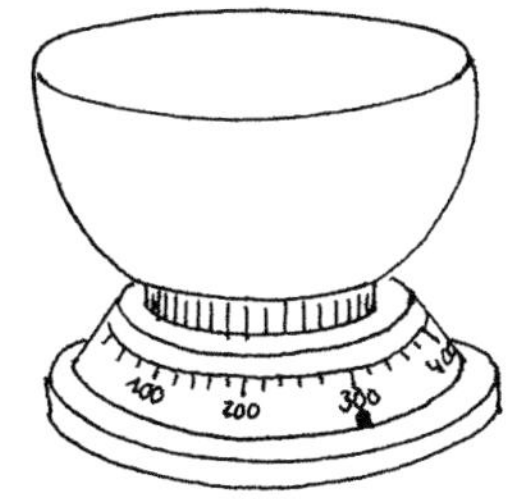

2. Subtrahiere schriftlich.

		8,	7	5	6	kg
	–	3,	4	6	2	kg
						kg

		9,	4	7	2	kg
	–	2,	3	7	8	kg
						kg

		7,	0	3	4	kg
	–	1,	9	8	2	kg
						kg

	1	9,	8	1	1	kg
–	1	2,	3	0	6	kg
						kg

		8	8	5,	4	6	0	kg
	–	2	3	7,	2	1	8	kg
								kg

		3	5	6,	0	0	7	kg
	–	1	2	0,	9	7	6	kg
								kg

		9	1	2,	0	3	2	kg
	–	4	8	7,	5	8	9	kg
								kg

		9	5	8,	3	0	8	kg
			1	0,	5	1	3	kg
	–	1	5	6,	7	3	1	kg
								kg

		6	3	4,	0	7	6	kg
			4	5,	9	6	4	kg
	–	2	1	7,	6	3	2	kg
								kg

		8	4	3,	3	2	1	kg
		1	9	8,	5	8	2	kg
	–	2	6	5,	9	0	6	kg
								kg

Immer 1 Tonne

1. Kreise alles, was schwerer als 1 Tonne ist, rot ein.
Kreise alles, was leichter als 1 Tonne ist, grün ein.

2. Ergänze.

800 kg + ... kg = 1 t   640 kg + ... kg = 1 t   320 kg + ... kg = 1 t
200 kg + ... kg = 1 t   850 kg + ... kg = 1 t   799 kg + ... kg = 1 t
100 kg + ... kg = 1 t   490 kg + ... kg = 1 t   255 kg + ... kg = 1 t

550 kg + ... kg = 1 t   230 kg + ... kg = 1 t   133 kg + ... kg = 1 t
920 kg + ... kg = 1 t   80 kg + ... kg = 1 t   57 kg + ... kg = 1 t
380 kg + ... kg = 1 t   5 kg + ... kg = 1 t   94 kg + ... kg = 1 t
660 kg + ... kg = 1 t   20 kg + ... kg = 1 t   26 kg + ... kg = 1 t

3. Wie viel Kilogramm sind es?

1 t = ... kg   ½ t = ... kg   ¼ t = ... kg   ¾ t = ... kg

© Verlag an der Ruhr | Autorin: Stephanie Cech-Wenning | ISBN 978-3-8346-3049-0 | www.verlagruhr.de

Umwandeln – Kilogramm und Tonne

1. Immer 3 Schilder gehören zusammen. Male sie in der gleichen Farbe an.

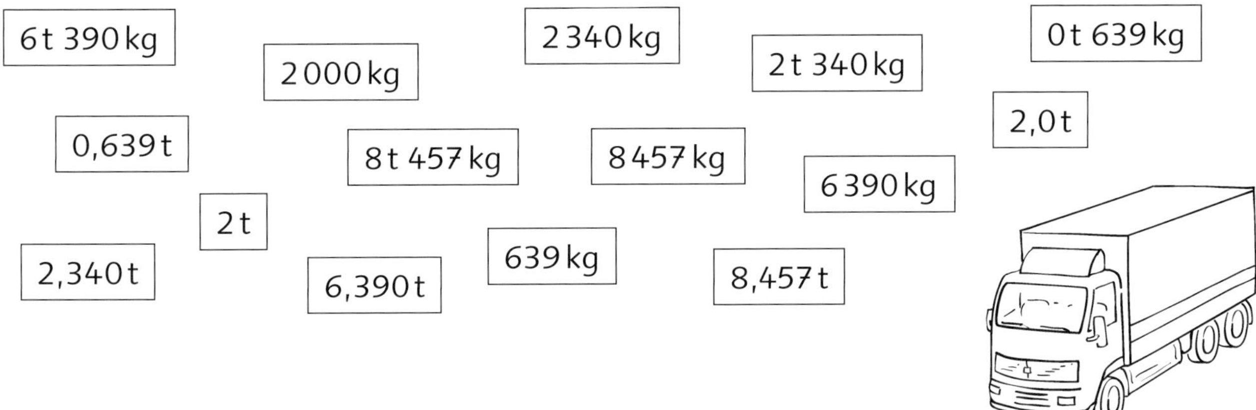

2. Schreibe in Kilogramm.

1t 700kg = ... kg	5t 250kg = ... kg	4t 356kg = ... kg
2t 400kg = ... kg	9t 349kg = ... kg	3t 7kg = ... kg
7t 120kg = ... kg	5t 50kg = ... kg	2t 403kg = ... kg
5t 840kg = ... kg	1t 999kg = ... kg	4t 18kg = ... kg

3. Schreibe in Tonne und Kilogramm.

3452kg = ... t .... kg	2400kg = ... t .... kg
1709kg = ... t .... kg	306kg = ... t .... kg
4005kg = ... t .... kg	8090kg = ... t .... kg
9999kg = ... t .... kg	60kg = ... t .... kg

4. Schreibe in Tonne als Kommazahl.

2345kg = ... t	4980kg = ... t	3451kg = ... t
2066kg = ... t	3500kg = ... t	57kg = ... t
6071kg = ... t	900kg = ... t	34kg = ... t
4002kg = ... t	320kg = ... t	9kg = ... t

Schriftliche Multiplikation und Division mit Gewichten

1. Multipliziere schriftlich.

	2	3	5	g	·	4			
							g		

	3	5	8	g	·	6			
							g		

	9	3	7	kg	·	3			
							kg		

	5	8	4	kg	·	1	8		
								kg	
								kg	
								kg	

	3	2	1	kg	·	2	5		
								kg	
								kg	
								kg	

	7	0	5	kg	·	6	7		
								kg	
								kg	
								kg	

	1,	5	9	1	t	·	2	3	
									t
									t
									t

	4,	0	8	2	t	·	1	4	
									t
									t
									t

	2,	4	8	9	t	·	6	5	
									t
									t
									t

2. Dividiere schriftlich.

	1	6	0	2	g	:	6	=							

	3	8	2	4	kg	:	8	=							

	5	9	1	0	kg	:	3	=							

	7	4	1	6	kg	:	9	=							

	5,	1	2	2	kg	:	2	=							

	1	2,	4	9	6	kg	:	8	=						

© Verlag an der Ruhr | Autorin: Stephanie Cech-Wenning | ISBN 978-3-8346-3049-0 | www.verlagruhr.de

Das Gewicht von Tieren – Balkendiagramme

1. **Schaue dir das Balkendiagramm an.
Lies das Gewicht der Tiere ab und trage es hier ein:**

Eisbär: ...., Löwe: ...., großer Tümmler: ....

1100 kg								
1000 kg								
900 kg								
800 kg								
700 kg								
600 kg								
500 kg								
400 kg								
300 kg								
200 kg								
100 kg								
	Eisbär	**Löwe**	**großer Tümmler**					

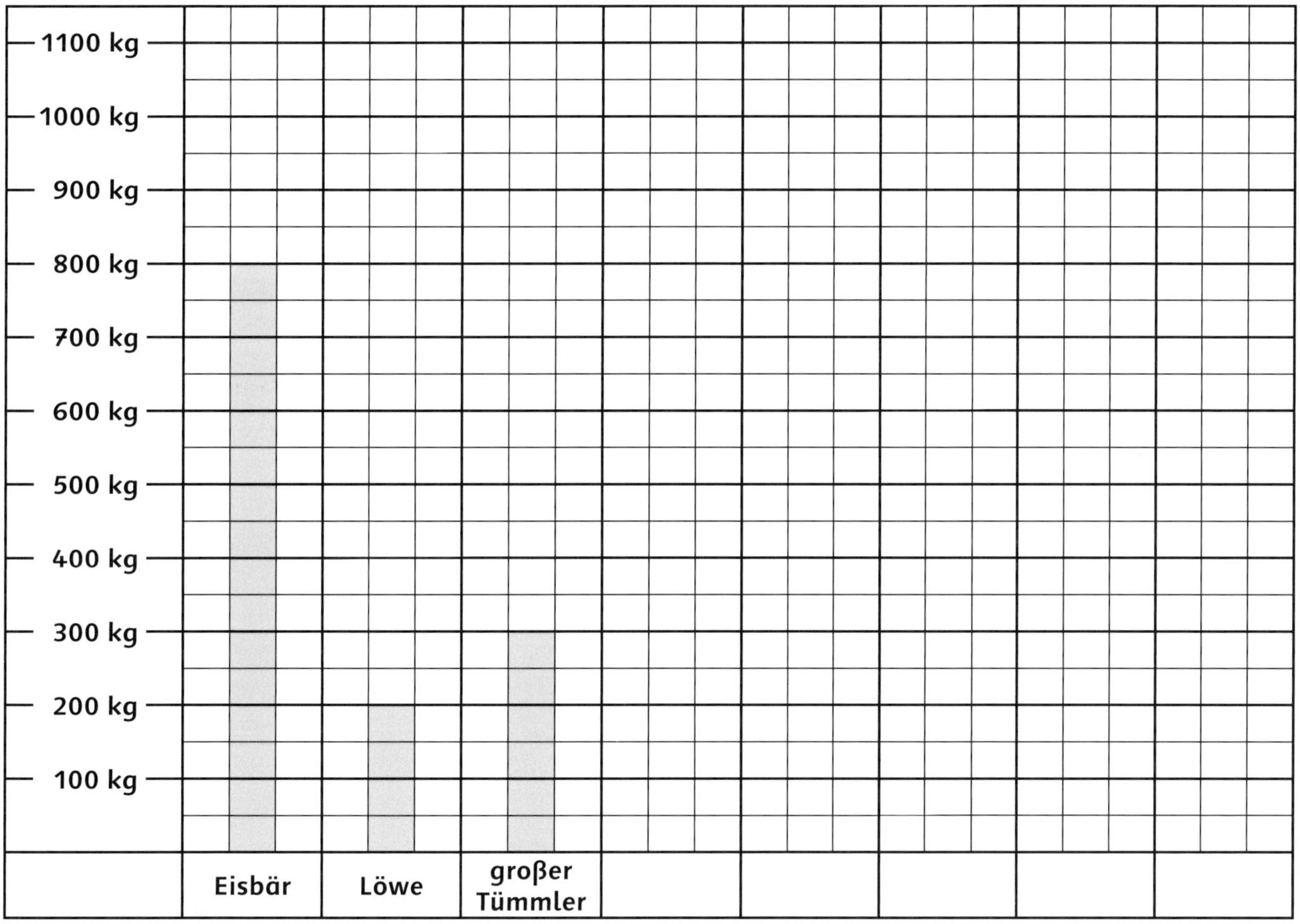

2. **Zeichne das Gewicht folgender Tiere noch in das Diagramm ein:
Gorilla 200 kg, Zebra 350 kg, Riesenkänguru 50 kg, Braunbär 250 kg, Giraffe 1 100 kg**

3. **a) Runde das Gewicht dieser Tiere auf volle Zehner:**

Alpaka 64 kg ≈ .... kg

Kaiserpinguin 39 kg ≈ .... kg

Schwan 12 kg ≈ .... kg

Koalabär 11 kg ≈ .... kg

Stachelschwein 18 kg ≈ .... kg

Schimpanse 66 kg ≈ .... kg

**b) Erstelle dann ein eigenes Balkendiagramm: 1 Kästchen = 10 kg.
Trage das Gewicht der Tiere ein.**

Wie viel Flüssigkeit passt hinein?

1. Verbinde.

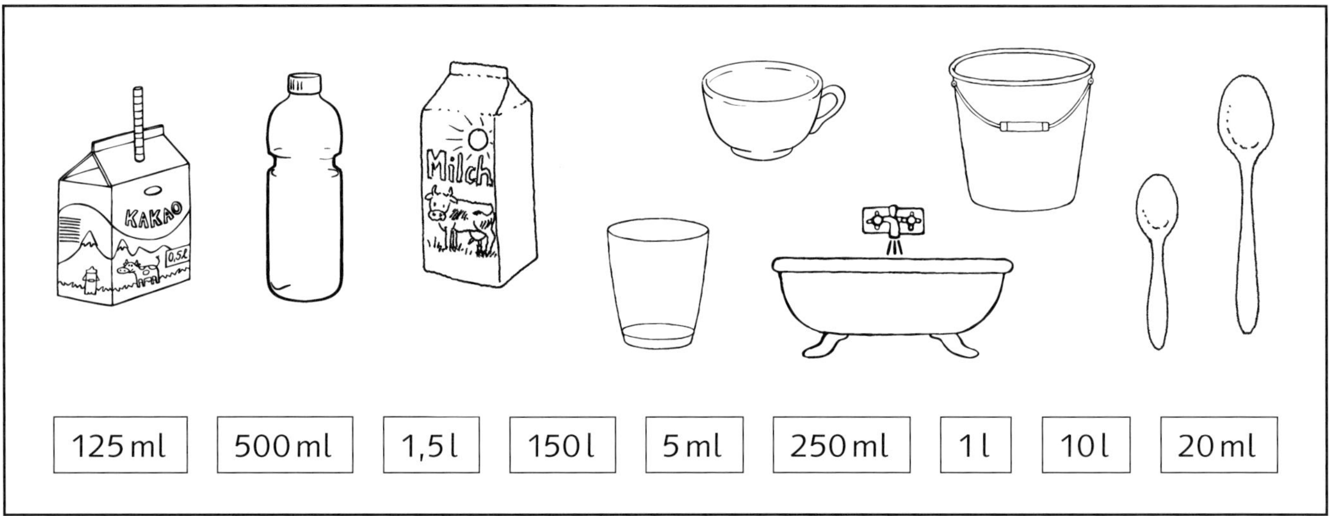

2. Wie viel Milliliter hast du nun?

	= .... ml
	= .... ml
	= .... ml
	= .... ml
	= .... ml

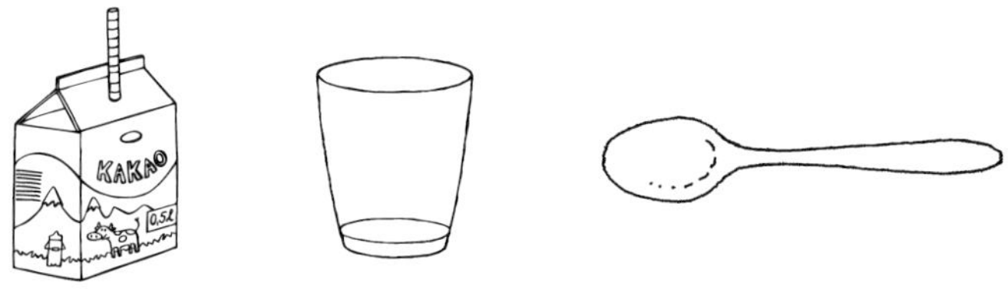

Abb. Kopfzeile, Milch, Löffel: © Astrid Wilkesmann; Flasche, Tassen: © Dorothee Wolters; alle anderen Abb.: © Anja Boretzki

1 Liter sind 1000 Milliliter

1. Male die angegebenen Flüssigkeitsmengen im Litermaß blau an.

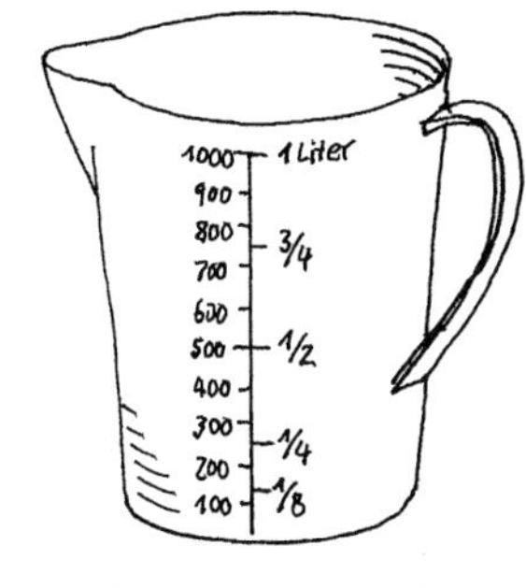

1 l = 1 000 ml
1 Liter = 1 000 Milliliter

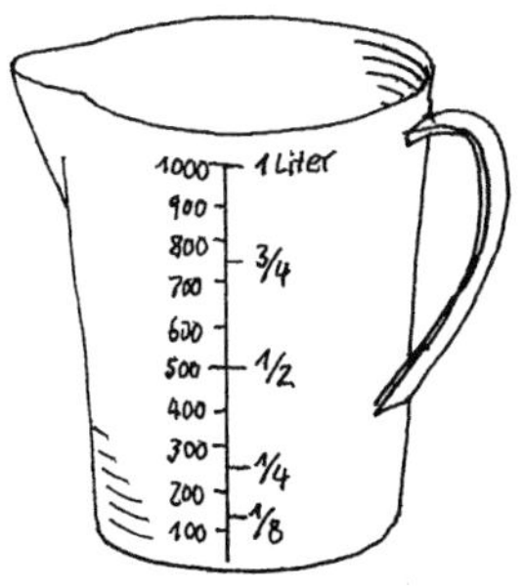

½ l = 500 ml
ein halber Liter = 500 Milliliter

2. Wie viele Gläser kannst du mit 1 Liter Saft füllen? Male passend an.

a)

100 ml

b)

125 ml

c)

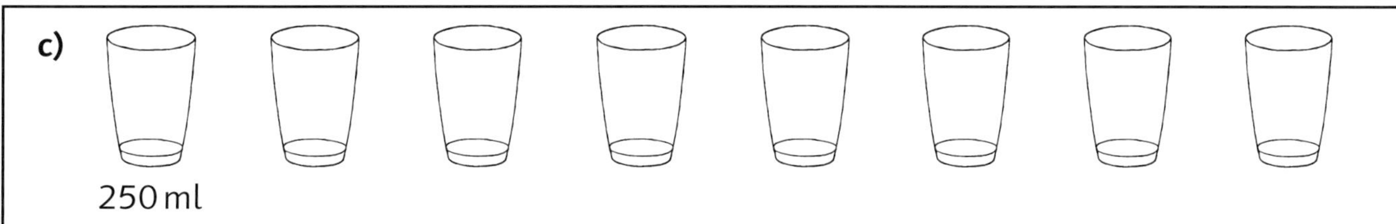

250 ml

3. Ergänze zu 1 Liter.

400 ml + ... ml = 1 l
500 ml + ... ml = 1 l
370 ml + ... ml = 1 l

650 ml + ... ml = 1 l
100 ml + ... ml = 1 l
290 ml + ... ml = 1 l

820 ml + ... ml = 1 l
290 ml + ... ml = 1 l
405 ml + ... ml = 1 l

915 ml + ... ml = 1 l
385 ml + ... ml = 1 l
150 ml + ... ml = 1 l

240 ml + ... ml = 1 l
825 ml + ... ml = 1 l
395 ml + ... ml = 1 l

Das Litermaß

1. Lies die Maßangaben ab und schreibe sie dazu.

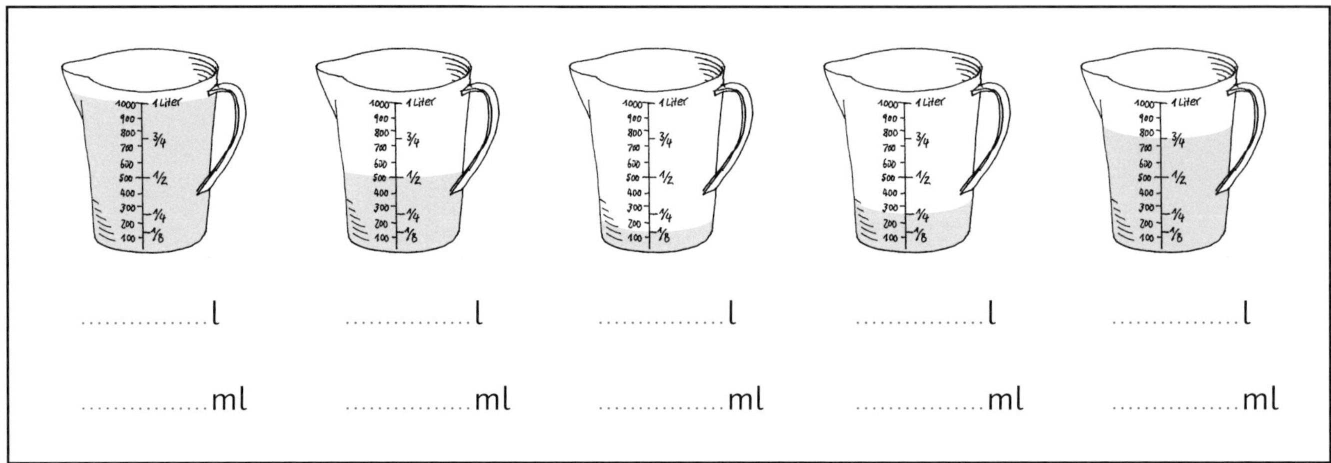

2. Male die Flüssigkeitsmengen in das Litermaß.

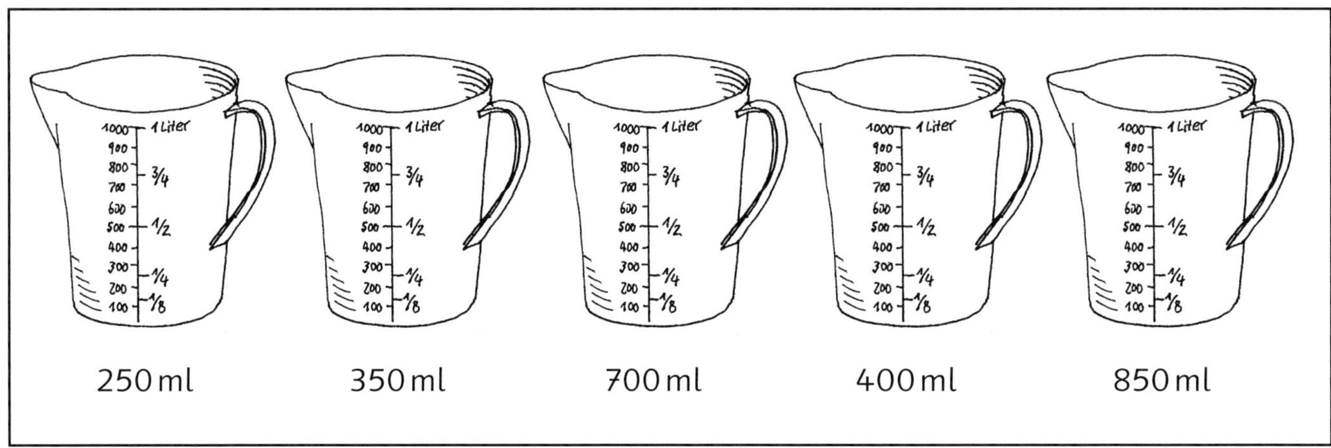

3. Male gleiche Flüssigkeitsmengen in der gleichen Farbe an.

1 l 225 ml | 250 ml | 500 ml | ¾ l

½ l | 1 225 ml | 1 l | 750 ml | 1,0 l

¼ l | 0,75 l | 1 000 ml | 0,25 l | 1,225 l | 0,5 l

Rund um Liter und Milliliter

1. Fülle die Tabelle aus.

	l	100 ml	10 ml	1 ml	Kommazahl
1 450 ml					
					1,705 l
	5	0	0	9	
8 ml					
	10	3	4	2	
58 219 ml					

2. Wandle, falls nötig, zuerst um und setze ein: <, > oder =.

¼ l .... 300 ml   500 ml .... ½ l   700 ml .... ¾ l

¾ l .... 0,350 l   240 ml .... 0,24 l   2,060 l .... 2½ l

0,1 l .... 100 ml   1/8 l .... 80 ml   0,04 l .... 400 ml

3. Runde auf Zehner.

345 l ≈ l   278 l ≈ l   627 l ≈ l

611 l ≈ l   423 l ≈ l   754 l ≈ l

4. Runde auf Hunderter.

660 l ≈ l   375 l ≈ l   2462 l ≈ l

290 l ≈ l   122 l ≈ l   4293 l ≈ l

5. Runde auf Tausender.

9 320 l ≈ l   26 746 l ≈ l   175 299 l ≈ l

8 762 l ≈ l   58 108 l ≈ l   408 540 l ≈ l

6. Ergänze zum nächsten vollen Liter.

3 l 140 ml + ... ml = 4 l   6 l 290 ml + ... = ...

1 l 250 ml + ... = 2 l   5 l 160 ml + ... = ...

1 Stunde hat 60 Minuten (S. 6)

3. Wie viele Minuten sind vergangen?

10 Minuten | 20 Minuten | 30 Minuten | 40 Minuten | 5 Minuten

4. Zeichne den Minutenzeiger ein. So viele Minuten sind vergangen:

15 Minuten | 35 Minuten | 25 Minuten | 55 Minuten | 45 Minuten

Die Uhr zeigt zwei Uhrzeiten (S. 7)

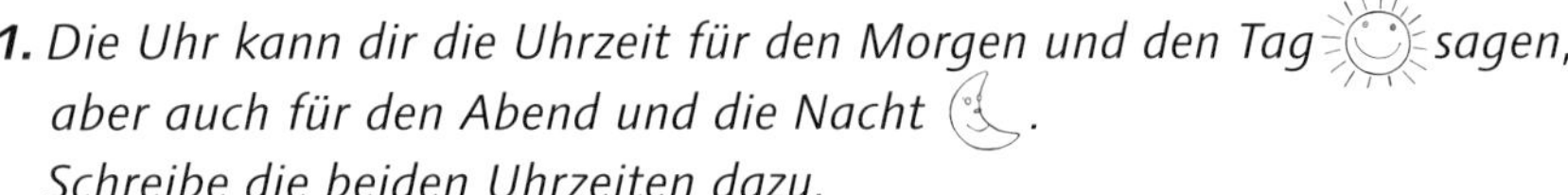

1. Die Uhr kann dir die Uhrzeit für den Morgen und den Tag sagen, aber auch für den Abend und die Nacht. Schreibe die beiden Uhrzeiten dazu.

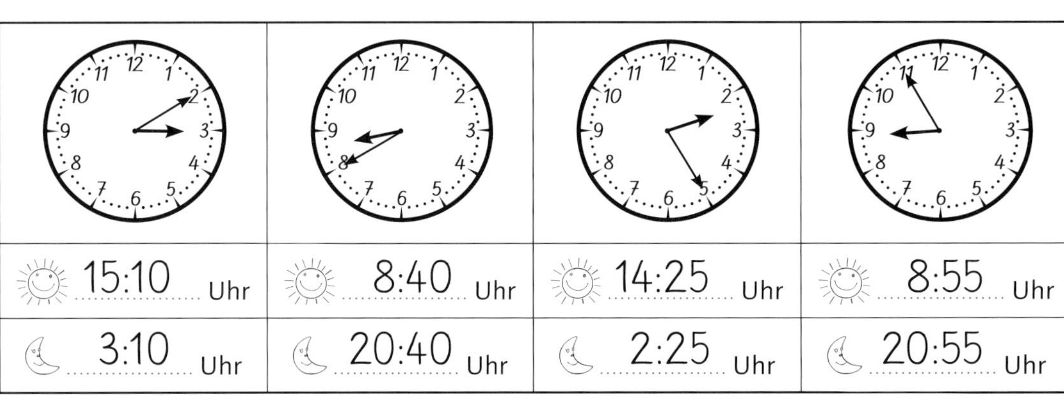

Tag	Nacht
15:10 Uhr	3:10 Uhr
8:40 Uhr	20:40 Uhr
14:25 Uhr	2:25 Uhr
8:55 Uhr	20:55 Uhr

Tag	Nacht
10:05 Uhr	22:05 Uhr
7:35 Uhr	19:35 Uhr
16:20 Uhr	4:20 Uhr
9:50 Uhr	21:50 Uhr

Lösungen

2. Zeichne den Stundenzeiger blau und den Minutenzeiger rot ein. Achte auf den kleinen Zeiger: Er wandert immer ein wenig mit!

7:25 Uhr	14:35 Uhr	16:10 Uhr	10:50 Uhr

19:45 Uhr	3:15 Uhr	6:55 Uhr	15:05 Uhr

Zeitspannen (S. 8)

1. Wie lange dauert es? Ergänze.

10:00 Uhr → 2 h 15 min → 12:15 Uhr
14:00 Uhr → 3 h → 17:00 Uhr
2:00 Uhr → 6 h 20 min → 8:20 Uhr
9:40 Uhr → 15 min → 9:55 Uhr
22:00 Uhr → 1 h 30 min → 23:30 Uhr

14:15 Uhr → 45 min → 15:00 Uhr
8:30 Uhr → 2 h → 10:30 Uhr
16:20 Uhr → 1 h 10 min → 17:30 Uhr
7:45 Uhr → 1 h 30 min → 9:15 Uhr
11:15 Uhr → 9 h 20 min → 20:35 Uhr

2. Wann ist es beendet? Ergänze.

9:00 Uhr → 3 h → 12:00 Uhr
14:10 Uhr → 4 h → 18:10 Uhr
6:00 Uhr → 2 h 25 min → 8:25 Uhr
2:00 Uhr → 1 h 45 min → 3:45 Uhr
17:00 Uhr → 6 h → 23:00 Uhr

11:30 Uhr → 2 h 50 min → 14:20 Uhr
5:15 Uhr → 4 h 5 min → 9:20 Uhr
16:45 → 1 h 35 min → 18:20 Uhr
20:15 Uhr → 45 min → 21:00 Uhr
0:30 Uhr → 5 h 30 min → 6:00 Uhr

3. Wann hat es begonnen? Ergänze.

16:00 Uhr → 2 h → 18:00 Uhr
8:00 Uhr → 5 h → 13:00 Uhr
9:30 Uhr → 1 h → 10:30 Uhr
17:15 Uhr → 3 h → 20:15 Uhr
9:45 Uhr → 10 h → 19:45 Uhr

9:30 Uhr → 1 h 30 min → 11:00 Uhr
1:55 Uhr → 2 h 15 min → 4:10 Uhr
10:50 Uhr → 3 h 30 min → 14:20 Uhr
10:50 Uhr → 1 h 45 min → 12:35 Uhr
18:35 Uhr → 5 h 15 min → 13:50 Uhr

Wie spät ist es? (S. 9)

1. Schreibe die beiden Uhrzeiten dazu.

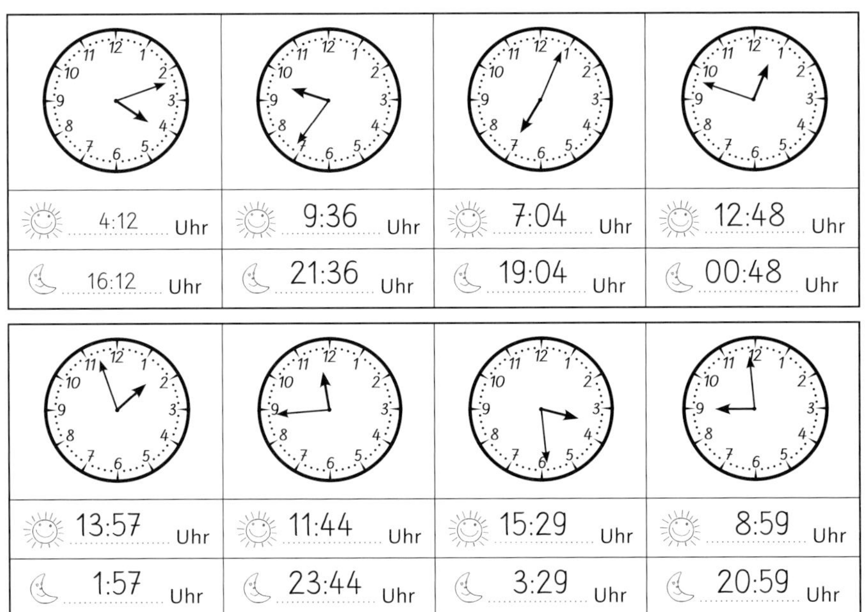

4:12 Uhr	9:36 Uhr	7:04 Uhr	12:48 Uhr
16:12 Uhr	21:36 Uhr	19:04 Uhr	00:48 Uhr
13:57 Uhr	11:44 Uhr	15:29 Uhr	8:59 Uhr
1:57 Uhr	23:44 Uhr	3:29 Uhr	20:59 Uhr

2. Zeichne den Stundenzeiger blau und den Minutenzeiger rot ein.

0:02 Uhr	6:38 Uhr	20:14 Uhr	5:09 Uhr
1:11 Uhr	13:32 Uhr	8:48 Uhr	14:51 Uhr

Umwandeln (S. 10)

1. Wandle in Stunden und Minuten um.

70 min = 1 h 10 min
100 min = 1 h 40 min
60 min = 1 h 0 min
200 min = 3 h 20 min
410 min = 6 h 50 min

95 min = 1 h 35 min
235 min = 3 h 55 min
368 min = 6 h 8 min
191 min = 3 h 11 min
227 min = 3 h 47 min

90 min = 1 h 30 min
120 min = 2 h 0 min
45 min = 0 h 45 min
360 min = 6 h 0 min
570 min = 9 h 30 min

77 min = 1 h 17 min
62 min = 1 h 2 min
103 min = 1 h 43 min
129 min = 2 h 9 min
54 min = 0 h 54 min

Lösungen

2. *Wie viele Minuten sind es? Wandle um.*

1 h 20 min = 80 min
4 h 50 min = 290 min
3 h 10 min = 190 min
3 h 50 min = 230 min

3 h 25 min = 205 min
2 h 18 min = 138 min
3 h 05 min = 185 min

2 h 20 min = 140 min
1 h 30 min = 90 min
2 h 30 min = 150 min
1 h 15 min = 75 min

4 h 46 min = 286 min
2 h 40 min = 160 min
2 h 27 min = 147 min

2 h 10 min = 130 min
1 h 10 min = 70 min
1 h 40 min = 100 min
1 h 32 min = 92 min

1 h 55 min = 115 min
5 h 51 min = 351 min
4 h 21 min = 261 min

1 Minute hat 60 Sekunden (S. 11)

1. *Ergänze zu einer Minute.*

30 s + 30 s = 1 min
52 s + 8 s = 1 min
25 s + 35 s = 1 min

50 s + 10 s = 1 min
10 s + 50 s = 1 min
8 s + 52 s = 1 min

45 s + 15 s = 1 min
14 s + 46 s = 1 min
55 s + 5 s = 1 min

2. *Ergänze zu 5 Minuten.*

2 min 40 s + 2 min 20 s = 5 min
1 min 30 s + 3 min 30 s = 5 min
3 min 10 s + 1 min 50 s = 5 min
2 min 20 s + 2 min 40 s = 5 min
3 min 33 s + 1 min 27 s = 5 min

4 min 9 s + 0 min 51 s = 5 min
3 min 17 s + 1 min 43 s = 5 min
2 min 56 s + 2 min 4 s = 5 min
0 min 42 s + 4 min 18 s = 5 min
1 min 24 s + 3 min 36 s = 5 min

3. *Wie viele Sekunden sind es? Wandle um.*

3 min = *180 s*
9 min = *540 s*
12 min = *720 s*
2 min 30 s = *150 s*

4 min = *240 s*
5 min = *300 s*
8 min = *480 s*
5 min 20 s = *320 s*

7 min = *420 s*
10 min = *600 s*
15 min = *900 s*
1 min 55 s = *115 s*

4. *Schreibe in Minuten und Sekunden.*

70 s = *1 min 10 s*
408 s = *6 min 48 s*
320 s = *5 min 20 s*

244 s = *4 min 4 s*
85 s = *1 min 25 s*
291 s = *4 min 51 s*

100 s = *1 min 40 s*
376 s = *6 min 16 s*

Sekunden – Minuten – Stunden (S. 12)

1. *Wandle in Stunden und Minuten um.*

65 min = 1 h 5 min
122 min = 2 h 2 min
307 min = 5 h 7 min
254 min = 4 h 14 min

186 min = 3 h 6 min
206 min = 3 h 26 min
322 min = 5 h 22 min
490 min = 8 h 10 min

Zeit-Icons rechts: © Anja Boretzki

2. *Wie viele Minuten sind es? Wandle um.*

1 h 15 min = 75 min
3 h 48 min = 228 min
2 h 59 min = 179 min
4 h 8 min = 248 min

8 h 27 min = 507 min
4 h 33 min = 273 min
10 h 25 min = 625 min
12 h 15 min = 735 min

3. *Wie viele Sekunden sind es? Wandle um.*

4 min = 240 s
2½ min = 150 s
6 min 27 s = 387 s
9 min 52 s = 592 s

2 min 20 s = 140 s
¼ min = 15 s
90 min = 5400 s
120 min = 7200 s

½ min = 30 s
1¾ min = 105 s
200 min = 12000 s
20 min 35 s = 1235 s

4. *Wandle in Minuten und Sekunden um.*

80 s = 1 min 20 s
320 s = 5 min 20 s
240 s = 4 min 0 s

173 s = 2 min 53 s
189 s = 3 min 9 s
481 s = 8 min 1 s

105 s = 1 min 45 s
277 s = 4 min 37 s

Wie lange dauert es? (S. 13)

1. *Ordne die Zeitangaben. Beginne mit der kürzesten Zeitdauer. Wandle, wenn nötig, vorher um. Findest du den Lösungssatz?*

240 s = 4 min **S**; 600 s = 10 min **C**; 1 h 50 s = 110 min **H**; 2 h = 120 min **U**; 2 h 40 = 160 min **L**; 180 min = 180 min **E**
Lösungswort: **SCHULE**

2 h 50 min = 170 min **M**; 3 h = 180 min **A**; 3 h 20 = 200 min **C**; 240 min = 240 min **H**; 5 h 10 min = 310 min **T**
Lösungswort: **MACHT**

1 h = 60 min **S**; 70 min = 70 min **C**; 1 h 15 min = 75 min **H**; 1 h 20 min = 80 min **L**; 1 h 40 min = 100 min **A**; 150 min = 150 min **U**
Lösungswort: **SCHLAU**
Lösungssatz: **SCHULE MACHT SCHLAU**.

2. a) *Frage: Wer schafft seinen Schulweg am schnellsten?*
Rechnung:

Gina	Antonia	Fred	Dilan
660 s	10 min	5 min 420 s	9 min
11 min	10 min	12 min	9 min

Antwort: **Dilan schafft mit 9 min den Schulweg am schnellsten.**

2. b) *Frage: Hat Darian mit seiner Behauptung Recht?*
Rechnung: 1 min 1200 s = 21 min
Antwort: **Nein, Darian hat nicht Recht. Er braucht mit 21 min am längsten.**

Lösungen

Unser Geld (S. 14)

4. *Du siehst Ausschnitte von folgenden Scheinen: 5€, 10€, 20€, 50€, 100€, 200€.*
Finde heraus, zu welchen Scheinen die Ausschnitte gehören. Schreibe die Geldwerte darunter.

50 Euro

5 Euro

20 Euro

10 Euro

100 Euro

200 Euro

Wie viel Geld ist es? (S. 15)

1. *Wie viel Euro sind es?*

139€	378€
384€	496€
542€	210€
225€	703€

2. *Kreise den höchsten Geldbetrag rot ein. Kreise den niedrigsten Geldbetrag gelb ein.*
Höchster Geldbetrag: **703€**, niedrigster Geldbetrag: **139€**

Ein Preis – drei Schreibweisen (S. 16)

1. *Immer 3 Schilder gehören zusammen. Male sie in der gleichen Farbe an.*

120 ct	1€ 20 ct	1,20€
468 ct	4€ 68 ct	4,68€
70 ct	0€ 70 ct	0,70€
932 ct	9€ 32 ct	9,32€
1259 ct	12€ 59 ct	12,59€

2. *Vervollständige die Tabelle.*

165 ct	437 ct	922 ct	850 ct	299 ct
1€ 65 ct	4€ 37 ct	9€ 22 ct	8€ 50 ct	2€ 99 ct
1,65€	4,37€	9,22€	8,50€	2,99€

307 ct	50 ct	64 ct	1020 ct	1430 ct
3€ 7 ct	0€ 50 ct	0€ 64 ct	10€ 20 ct	14€ 30 ct
3,07€	0,50€	0,64€	10,20€	14,30€

3. *Schreibe als Kommazahl.*

2€ 69ct = 2,69€
6€ 15ct = 6,15€
8€ 02ct = 8,02€

4€ 97ct = 4,97€
0€ 31ct = 0,31€
17€ 24ct = 17,24€

Rechnen mit Geld – bis 10 Euro (S. 17)

1. *Addiere.*

30ct + 55ct = 85ct
47ct + 36ct = 83ct
29ct + 79ct = 108ct

27ct + 32ct = 59ct
63ct + 28ct = 91ct
41ct + 57ct = 98ct

65ct + 17ct = 82ct
18ct + 82ct = 100ct
57ct + 33ct = 90ct

2. *Subtrahiere.*

90ct – 45ct = 45ct
80ct – 67ct = 13ct
75ct – 40ct = 35ct

83ct – 21ct = 62ct
99ct – 46ct = 53ct
67ct – 38ct = 29ct

100ct – 65ct = 35ct
100ct – 27ct = 73ct
100ct – 93ct = 7ct

3. *Addiere die Kommabeträge.*

2,50€ + 0,30€ = 2,80€
3,20€ + 0,40€ = 3,60€
5,30€ + 0,54€ = 5,84€
2,34€ + 1,61€ = 3,95€

1,75€ + 1,10€ = 2,85€
2,33€ + 2,40€ = 4,73€
4,56€ + 3,33€ = 7,89€
6,18€ + 3,80€ = 9,98€

4. *Subtrahiere die Kommabeträge.*

7,60€ – 0,40€ = 7,20€
9,90€ – 0,70€ = 9,20€
8,60€ – 0,39€ = 8,21€
8,64€ – 3,64€ = 5,00€

8,37€ – 7,00€ = 1,37€
5,54€ – 0,50€ = 5,04€
7,68€ – 0,25€ = 7,43€
3,45€ – 1,75€ = 1,70€

5. *Ergänze.*

2,47€ + 0,53€ = 3,00€
3,70€ + 0,30€ = 4,00€

6,50€ – 0,50€ = 6,00€
3,99€ – 0,99€ = 3,00€

Rechnen mit Geld – bis 100 Euro (S. 18)

1. *Addiere.*

36,00€ + 7,00€ = 43,00€
25,00€ + 4,80€ = 29,80€
54,60€ + 8,00€ = 62,60€

42,30€ + 6,20€ = 48,50€
68,00€ + 9,35€ = 77,35€
74,63€ + 8,00€ = 82,63€

16,60€ + 22,30€ = 38,90€
32,10€ + 41,80€ = 73,90€
41,20€ + 37,60€ = 78,80€

30,40€ + 25,30€ = 55,70€
52,55€ + 16,20€ = 68,75€
78,46€ + 21,10€ = 99,56€

2. *Subtrahiere.*

58,00€ – 6,00€ = 52,00€
85,00€ – 9,00€ = 76,00€
72,50€ – 4,00€ = 68,50€

35,50€ – 12,00€ = 23,50€
74,60€ – 18,00€ = 56,60€
53,80€ – 24,00€ = 29,80€

39,30€ – 8,00€ = 31,30€
27,75€ – 9,00€ = 18,75€
64,32€ – 6,00€ = 58,32€

49,30€ – 8,10€ = 41,20€
62,70€ – 11,50€ = 51,20€
91,50€ – 28,10€ = 63,40€

3. *Ergänze.*

25,00€ + 5,00€ = 30,00€
48,00€ + 2,00€ = 50,00€
37,00€ + 3,00€ = 40,00€
54,00€ – 4,00€ = 50,00€
98,00€ – 8,00€ = 90,00€
76,00€ – 6,00€ = 70,00€

57,90€ + 2,10€ = 60,00€
72,50€ + 7,50€ = 80,00€
86,80€ + 3,20€ = 90,00€
79,30€ – 9,30€ = 70,00€
48,65€ – 8,65€ = 40,00€
32,59€ – 2,59€ = 30,00€

Am Zoo-Kiosk (S. 19)

Wie viel Geld bekommst du zurück?

Du hast: 10€
2€ + 1,90€ = 3,90€
Rückgeld:
10,00€ – 3,90€ = **6,10€**

Du hast: 10€
3 · 1,90€ + 1,80€ = 7,50€
Rückgeld:
10,00€ – 7,50€ = **2,50€**

Du hast: 10€
5,60€ + 2€ + 2€ = 9,60€
Rückgeld:
10,00€ – 9,60€ = **0,40€**

Du hast: 15€
8,50€ + 2 · 1,80€ + 1,90€ = 14,00€
Rückgeld:
15,00€ – 14,00€ = **1,00€**

Du hast: 15€
3 · 1,80€ + 2€ + 5,60€ = 13,00€
Rückgeld:
15,00€ – 13,00€ = **2,00€**

Du hast: 15€
3 · 2,00€ + 3 · 1,90€ = 11,70€
Rückgeld:
15,00€ – 11,70€ = **3,30€**

Du hast: 20€
5,60€ + 1,80€ + 8,50€ = 15,90€
Rückgeld:
20,00€ – 15,90€ = **4,10€**

Du hast: 20€
2 · 2€ + 2 · 5,60€ = 15,20€
Rückgeld:
20,00€ – 15,20€ = **4,80€**

Du hast: 20€
2 · 8,50€ + 1,90€ = 18,90€
Rückgeld:
20,00€ – 18,90€ = **1,10€**

Am Zoo-Kiosk – Rechnen mit dem Überschlag (S. 20)

Schaue dir die Wünsche der Kinder an. Überschlage und kreuze an, ob das Geld der Kinder reicht.

4€ – Clemens	
Überschlag	Das Geld reicht.
2€ + 2€ + 2€ = 6€	Nein
2€ + 2€ = 4€	Ja
2€ + 2€ = 4€	Ja

5€ – Elsa	
Überschlag	Das Geld reicht.
2€ + 2€ = 4€	Ja
6€ + 2€ = 8€	Nein
2€ + 2€ + 2€ = 6€	Nein

Lösungen

Schriftliche Addition und Subtraktion bis 1000 Euro (S. 21)

1. *Addiere schriftlich.*

	3	2	4,	7	5	€
+	1	5	3,	1	4	€
	4	7	7,	8	9	€

	2	4	6,	3	8	€
+	2	3	2,	6	1	€
	4	7	8,	9	9	€

	5	1	2,	9	3	€
+	3	8	6,	0	4	€
	8	9	8,	9	7	€

	3	7	2,	6	7	€
+	2	1	4,	9	2	€
			1			
	5	8	7,	5	9	€

	6	6	0,	1	4	€
	2	5	9,	7	4	€
+		1	2,	9	5	€
	1	1	1	1		
	9	3	2,	8	3	€

	2	3	4,	5	6	€
	5	6	1,	4	0	€
+	1	0	3,	7	7	€
			1	1		
	8	9	9,	7	3	€

	1	8	9,	2	8	€
		9	9,	9	9	€
+	4	7	8,	9	1	€
	2	2	2	1		
	7	6	8,	1	8	€

	4	3	7,	4	4	€
	1	9	8,	7	6	€
+		5	5,	9	9	€
	1	2	2	1		
	6	9	2,	1	9	€

	6	4	9,	3	8	€
	1	9	5,	1	5	€
		1	6,	4	3	€
+		5	7,	5	1	€
	2	2	1	1		
	9	1	8,	4	7	€

		2	8,	8	0	€
	7	0	4,	7	8	€
		2	3,	9	6	€
+			8,	5	3	€
		2	3	1		
	7	6	6,	0	7	€

	3	6	3,	3	9	€
	1	9	4,	7	6	€
		1	8,	9	9	€
+	2	9	4,	2	0	€
	2	2	2	2		
	8	7	1,	3	4	€

	4	2	9,	5	3	€
		7	3,	6	2	€
		1	7,	0	4	€
+	3	8	4,	6	3	€
	2	2	1	1		
	9	0	4,	8	2	€

2. *Subtrahiere schriftlich.*

	8	4	6,	7	6	€
−	4	1	5,	2	3	€
	4	3	1,	5	3	€

	8	7	8,	5	6	€
−	5	5	3,	2	5	€
	3	2	5,	3	1	€

	6	9	9,	6	8	€
−	3	7	5,	0	6	€
	3	2	4,	6	2	€

	7	8	3,	4	7	€
−	3	2	4,	3	5	€
	4	5	9,	1	2	€

	9	6	8,	3	4	€
−	8	5	8,	3	7	€
	1	0	9,	9	7	€

	6	9	6,	1	3	€
−	3	1	7,	4	3	€
	3	7	8,	7	0	€

	7	3	4,	2	1	€
−	1	9	9,	8	9	€
	5	3	4,	3	2	€

	3	1	2,	1	3	€
−	1	7	8,	9	9	€
	1	3	3,	1	4	€

	6	6	0,	8	5	€
	4	4	1,	6	2	€
−		3	5,	8	4	€
	1	8	3,	3	9	€

	6	7	8,	4	9	€
	2	3	4,	6	1	€
−	1	8	9,	0	5	€
	2	5	4,	8	3	€

	8	4	6,	9	2	€
		8	9,	3	6	€
−	2	8	1,	7	0	€
	4	7	5,	8	6	€

	9	2	9,	3	8	€
	5	0	4,	8	4	€
−	1	9	5,	5	2	€
	2	2	9,	0	2	€

Schriftliche Multiplikation und Division mit Geldbeträgen (S. 22)

1. *Multipliziere schriftlich.*

	2	9,	5	2	€	·	4	
			1	1	8,	0	8	€

		3	8	1,	0	2	€	·	7
				2	6	6	7,	1	4	€

	1	2	6	3,	7	4	€	·	4	
				5	0	5	4,	9	6	€

9,	3	1	€	·	3	8		
			2	7	9,	3	0	€
				7	4,	4	8	€
			3	5	3,	7	8	€

	2	3,	4	5	€	·	7	4	
			1	6	4	1,	5	0	€
					9	3,	8	0	€
			1	7	3	5,	3	0	€

		7	2,	6	0	€	·	8	9	
				5	8	0	8,	0	0	€
					6	5	3,	4	0	€
				6	4	6	1,	4	0	€

Lösungen

2. *Dividiere schriftlich.*

	8	1	8,	9	1	€	:	9	=	9	0,	9	9	€	
–	8	1													
		0	8												
	–	0	0												
			8	9											
		–	8	1											
				8	1										
			–	8	1										
					0										

	5	1	4	7,	4	5	€	:	7	=	7	3	5,	3	5	€	
–	4	9															
		2	4														
	–	2	1														
			3	7													
		–	3	5													
				2	4												
			–	2	1												
					3	5											
				–	3	5											
						0											

	5	5	2,	1	6	€	:	8	=	6	9,	0	2	€	
–	4	8													
		7	2												
	–	7	2												
			0	1											
		–	0	0											
				1	6										
			–	1	6										
					0										

	1	0	2	1,	1	6	€	:	7	=	1	4	5,	8	8	€	
–		7															
		3	2														
	–	2	8														
			4	1													
		–	3	5													
				6	1												
			–	5	6												
					5	6											
				–	5	6											
						0											

Im Reisebüro (S. 23)

1. *Herr und Frau Schlott wollen nach Berlin reisen. Sie überlegen, welches der drei Angebote das beste ist. Welches Angebot kannst du ihnen empfehlen? Begründe deine Antwort.*
Das beste Angebot für Herrn und Frau Schlott ist die 7-tägige Busreise, da sie am günstigsten ist. Pro Tag zahlen sie hier 63 €, wohingegen sie bei der 3-Tages-Reise 70 € und bei den 5 Tagen sogar 80 € pro Tag zahlen würden.

2. *Marvin schaut sich das Angebot für eine Paris-Reise an. Er überlegt. Ist das Sonderangebot wirklich günstiger als der Normalpreis? Wie viel Geld würde er sparen?*
Ja, das Sonderangebot ist mit 270 € günstiger als der Normalpreis. Würde er zum Normalpreis fahren, müsste er 290 € (120 € + 2 x 85 € = 290 €), also 20 € mehr zahlen.

3. *Herr und Frau Blank haben 800 € gespart. Sie wollen möglichst lange verreisen. Welche Reise kannst du ihnen empfehlen? Begründe deine Antwort.*
Um möglichst lange verreisen zu können, sollten die Blanks für 7 Tage nach Wien fahren.

4. *Paul steht vor dem Reisebüro und würde gern eine Flugreise machen. Er kennt alle Städte noch nicht. Welche Flugreise wäre am günstigsten?*
Das Sonderangebot nach Paris ist mit 270 € am günstigsten.

Lösungen

Messen mit dem Lineal (S. 24)

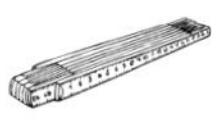

1. *Miss die Zaunlatten. Schreibe die Höhe dazu.*

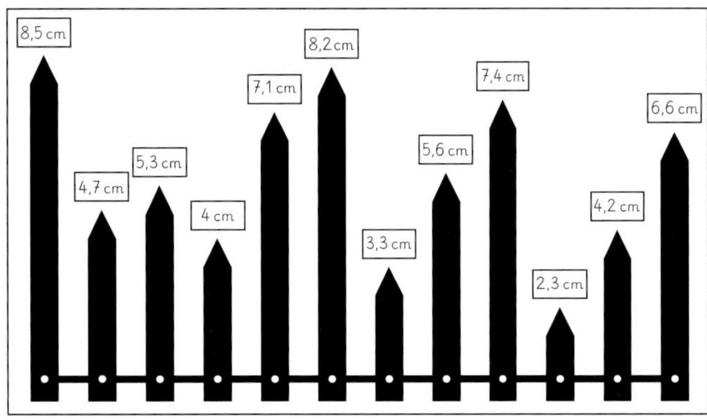

2. *Miss die Strecken. Schreibe die Länge dazu.*

51	mm =	5	cm	1	mm
79	mm =	7	cm	9	mm
38	mm =	3	cm	8	mm
19	mm =	1	cm	9	mm
87	mm =	8	cm	7	mm
28	mm =	2	cm	8	mm
76	mm =	7	cm	6	mm
48	mm =	4	cm	8	mm
62	mm =	6	cm	2	mm
91	mm =	9	cm	1	mm

Messen und zeichnen mit dem Lineal (S. 25)

1. *Welcher Weg ist der kürzeste? Miss die Wege. Rechne die Längen zusammen und male den kürzesten Weg rot nach.*

Weg A: 6,9 cm + 4,4 cm + 2,1 cm + 5,2 cm = 18,6 cm
Weg B: 7,1 cm + 5,3 cm + 4,6 cm + 3,5 cm = 20,5 cm
Weg C: 2,1 cm + 3,5 cm + 4,9 cm + 8,2 cm = 18,7 cm
Weg A ist der kürzeste.

Wie lang ist es? (S. 26)

1. *Was gehört zusammen? Verbinde.*

Ameise: **2 mm** Schnecke: **10 cm** Katze: **50 cm** Mann: **1,80 m** Giraffe: **4,50 m**
Baum: **15 m** Kirche: **130 m** Hochhaus: **200 m** Fernsehturm: **368 m**

Weitwurf (S. 27)

2. *Trage die Daten aus dem Text in die Tabelle ein.*

	1. Wurf	2. Wurf	3. Wurf
Julius	16 m	22 m	19 m
Anna	17 m	17 m	21 m
Maurice	24 m	19 m	12 m

3. *Zeichne die geworfenen Weiten in das Säulendiagramm ein.*

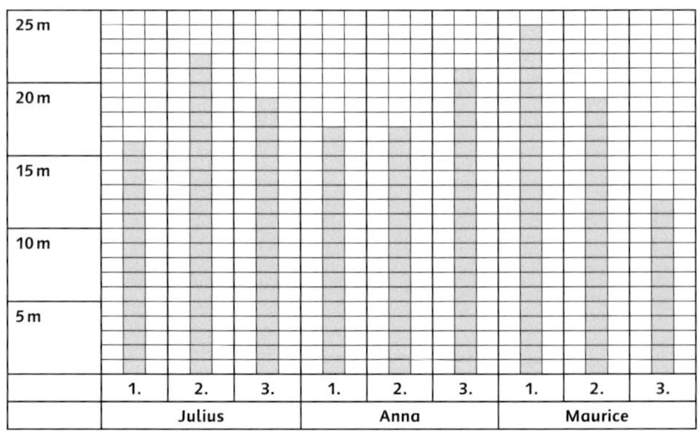

Lösungen

Umwandeln (S. 28)

1. *Immer 3 Schilder gehören zusammen. Male sie in der gleichen Farbe an.*

51 mm	5 cm 1 mm	5,1 cm
54 mm	5 cm 4 mm	5,4 cm
5 m	500 cm	5,0 m
51 m	5 100 cm	51,0 m

2. *Schreibe in Millimeter.*

3 cm 6 mm = 36 mm
4 cm 9 mm = 49 mm
14 cm 5 mm = 145 mm
1 cm 9 mm = 19 mm

7 cm 7 mm = 77 mm
82 cm 8 mm = 828 mm
0 cm 8 mm = 8 mm
6 cm 3 mm = 63 mm

43 cm 7 mm = 437 mm
5 cm 4 mm = 54 mm
8 cm 0 mm = 80 mm
29 cm 0 mm = 290 mm

3. *Schreibe in Zentimeter.*

4 m 35 cm = 435 cm
2 m 23 cm = 223 cm
9 m 46 cm = 946 cm
8 m 16 cm = 816 cm

5 m 20 cm = 520 cm
4 m 69 cm = 469 cm
9 m 28 cm = 928 cm
4 m 7 cm = 407 cm

3 m 26 cm = 326 cm
3 m 33 cm = 333 cm
1 m 80 cm = 180 cm
7 m 5 cm = 705 cm

4. *Schreibe die Längen zuerst in die Stellentafel und dann mit Komma.*

	1 m	10 cm	1 cm	
372 cm	3	7	2	3,72 m
109 cm	1	0	9	1,09 m
646 cm	6	4	6	6,46 m
89 cm	0	8	9	0,89 m
234 cm	2	3	4	2,34 m
444 cm	4	4	4	4,44 m

	1 m	10 cm	1 cm	
832 cm	8	3	2	8,32 m
568 cm	5	6	8	5,68 m
93 cm	0	9	3	0,93 m
270 cm	2	7	0	2,70 m
800 cm	8	0	0	8,00 m
387 cm	3	8	7	3,87 m

Rechnen mit Längen – bis 1 Kilometer (S. 29)

1. *Ergänze zu einem Kilometer.*

300 m + 700 m = 1 km
500 m + 500 m = 1 km
750 m + 250 m = 1 km
680 m + 320 m = 1 km
240 m + 760 m = 1 km

360 m + 640 m = 1 km
190 m + 810 m = 1 km
60 m + 940 m = 1 km
965 m + 35 m = 1 km
370 m + 630 m = 1 km

724 m + 276 m = 1 km
485 m + 515 m = 1 km
505 m + 495 m = 1 km
93 m + 907 m = 1 km
7 m + 993 m = 1 km

2. *Addiere.*

2,50 m + 3,40 m = 5,90 m
5,60 m + 2,20 m = 7,80 m
1,80 m + 6,10 m = 7,90 m

240 m + 105 m = 345 m
430 m + 280 m = 710 m
356 m + 240 m = 596 m

2,30 m + 8,30 m = 10,60 m	715 m+ 155 m = 870 m
6,50 m + 2,50 m = 9 m	125 m + 39 m = 164 m
4,60 m + 1,70 m = 6,30 m	603 m+ 89 m = 692 m

3. *Subtrahiere.*

1,60 m – 1,40 m = 0,20 m	2,60 m – 2,10 m = 0,50 m	5,80 m – 4,70 m = 1,10 m
9,90 m – 5,90 m = 4 m	8,70 m – 3,30 m = 5,40 m	4,50 m – 0,40 m = 4,10 m
550 m – 130 m = 420 m	620 m – 315 m = 305 m	900 m – 482 m = 418 m
880 m – 267 m = 613 m	1 000 m – 355 m = 645 m	1 000 m – 198 m = 802 m

4. *Verdopple.*

Länge	250 m	405 m	146 m	380 m	202 m	99 m	498 m
das Doppelte	**500 m**	**810 m**	**292 m**	**760 m**	**404 m**	**198 m**	**996 m**

5. *Halbiere.*

Länge	1000 m	350 m	406 m	280 m	660 m	112 m	708 m
die Hälfte	**500 m**	**175 m**	**203 m**	**140 m**	**330 m**	**56 m**	**354 m**

Stellentafeln und Kommazahlen (S. 30)

1. *Schreibe die Längen zuerst in die Stellentafel und dann mit Komma.*

	1 km	100 m	10 m	1 m	
9 235 m	9	2	3	5	9,235 km
1 935 m	1	9	3	5	1,935 km
5 825 m	5	8	2	5	5,825 km
3 867 m	3	8	6	7	3,867 km
5 923 m	5	9	2	3	5,923 km
8 345 m	8	3	4	5	8,345 km
5 600 m	5	6	0	0	5,600 km
2 798 m	2	7	9	8	2,798 km

2. *Schreibe die Längen mit Komma.*

a)	b)	c)
18 mm = 1,8 cm	123 cm = 1,23 m	5 782 m = 5,782 km
45 mm = 4,5 cm	674 cm = 6,74 m	9 277 m = 9,277 km
93 mm = 9,3 cm	393 cm = 3,93 m	4 562 m = 4,562 km
71 mm = 7,1 cm	568 cm = 5,68 m	1 947 m = 1,947 km
80 mm = 8,0 cm	112 cm = 1,12 m	7 080 m = 7,080 km
9 mm = 0,9 cm	270 cm = 2,70 m	6 200 m = 6,200 km
57 mm = 5,7 cm	406 cm = 4,06 m	895 m = 0,895 km
46 mm = 4,6 cm	600 cm = 6,00 m	8 062 m = 8,062 km
33 mm = 3,3 cm	724 cm = 7,24 m	3 107 m = 3,107 km
27 mm = 2,7 cm	108 cm = 1,08 m	2 293 m = 2,293 km

3. *Wandle um.*

½ m = 50 cm | ¼ m = 25 cm | ¾ m = 75 cm
½ km = 500 m | ¼ km = 250 m | ¾ km = 750 m

Wie weit ist es? (S. 31)

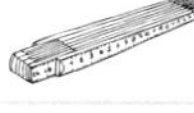

1. a) *Henriette fährt mit dem Rad zur Schule, danach in die Bücherei und von dort wieder zurück nach Hause. Wie viele km ist sie insgesamt gefahren?*
Rechnung: 1,5 km + 1,5 km + 3 km = 6 km
Antwort: Henriette ist 6 km gefahren.

b) *Wie viel Fahrzeit hatte sie insgesamt?*
Rechnung: 6 · 6 min = 36 min
Antwort: Henriette war 36 min unterwegs.

2. a) *Henriette macht mit Jana eine Radtour. Sie starten bei Henriette und kommen an der Schule, Bücherei und zum Schluss am Schwimmbad vorbei. Ihre Radtour endet wieder bei Henriette. Wie viele km sind sie gefahren?*
Rechnung: 1,5 km + 1,5 km + 3,5 km + 4 km + 1,5 km = 12 km
Antwort: Die beiden sind 12 km gefahren.

b) *Wie lange haben sie mit dem Rad für die Strecke gebraucht?*
Rechnung: 12 · 6 min = 72 min = 1 h 12 min
Antwort: Sie haben 72 min gebraucht.

Rechnen mit Längen (S. 32)

1. *Rechne. Wandle, wenn nötig, zuerst um.*

2 890 m + 5 km = 7 890 m/7,890 km
8 432 m + 2 km 200 m = 10 632 m/10,632 km
5 km 40 m + 300 m = 5 340 m/5,340 km
10 km 35 m + 270 m = 10 305 m/10,305 km
56 km 482 m + 4 km 200 m = 60 682 m/60,682 km

7 250 m – 3 km = 4 250 m/4,250 km
4 380 m – 2 km 100 m = 2 280 m/2,280 km
9 km 350 m – 4 km 215 m = 5 135 m/5,135 km
40 km 699 m – 2 450 m = 38 249 m/38,249 km
8 367 m – 7 km 171 m = 1 196 m/1,196 km

2. *Schriftlich, halbschriftlich oder im Kopf?*

16,5 km + 4,8 km + 2,9 km = 24,2 km
35,320 km + 10,5 km + 8,4 km = 54,22 km
16,480 km + 12,302 km + 13,650 km = 42,432 km
3,378 km + 4,577 km + 9,222 km = 17,177 km

45,9 km – 10,2 km – 15,8 km = 19,9 km
89,450 km – 50,1 km – 22,250 km = 17,1 km
99,909 km – 30,6 km – 30,233 km = 39,076 km
87,126 km – 24,257 km – 41,916 km = 20,953 km

Der Maßstab – verkleinerte und vergrößerte Welt (S. 33)

1. *Hier sind die Tiere halb so groß gezeichnet, wie sie in Wirklichkeit sind. Miss sie zuerst. Rechne dann aus, wie groß sie in Wirklichkeit sind.*

Regenwurm = 6 cm ⇨ 6 cm · 2 = 12 cm
Maus = 3,5 cm ⇨ 3,5 cm · 2 = 7 cm

Lurch = 5 cm ⇨ 5 cm · 2 = 10 cm
Frosch = 2,5 cm ⇨ 2,5 cm · 2 = 5 cm

Lösungen

2. *Hier sind die Tiere doppelt so groß gezeichnet, wie sie in Wirklichkeit sind. Miss sie zuerst. Rechne dann aus, wie groß sie in Wirklichkeit sind.*

Ameise = 12 mm ⇨ 12 mm **:** 2 = 6 mm
Marienkäfer = 2 cm ⇨ 2 cm **:** 2 = 1 cm
Schmetterling = 4 cm ⇨ 4 cm **:** 2 = 2 cm
Mücke = 14 mm ⇨ 14 mm **:** 2 = 7 mm

Verschiedene Maßstäbe (S. 34)

1. *Hier sind Gegenstände verkleinert. Sie sind im Maßstab 1:10 abgebildet. Das heißt, dass sie in Wirklichkeit 10-mal so groß sind wie auf der Zeichnung. Miss und fülle die Tabelle aus.*

Gegenstand	Zeichnung	Wirklichkeit
Heft	2,8 cm	2,8 cm · 10 = 28 cm
Vase	2,5 cm	2,5 cm · 10 = 25 cm
Schultasche	4,8 cm	4,8 cm · 10 = 48 cm
Stuhl	5,2 cm	5,2 cm · 10 = 52 cm

2. *Rechne um.*

Maßstab 1:10	
Zeichnung/Modell	Wirklichkeit
1 cm	10 cm
2,5 cm	25 cm
45 cm	450 cm
5 cm	50 cm
82 m	820 m
18 km	180 km

Maßstab 1:100	
Zeichnung/Modell	Wirklichkeit
2 cm	200 cm
4,5 cm	450 cm
68 cm	6800 cm
1,2 cm	120 cm
3,00 m	300 m
28,00 km	2800 km

Maßstab 1:1000	
Zeichnung/Modell	Wirklichkeit
8 cm	8000 cm
12,5 cm	12500 cm
23,9 cm	23900 cm
2,4 cm	2400 cm
4,6 m	4600 m
9,2 km	9200 km

Wie schwer ist es? (S. 35)

a) Büroklammer: 1 g; Bonbon: 4 g; Ei: 60 g; Schokolade: 100 g; Butter: 250 g; Müsli: 500 g; Mehl: 1000 g

b) Gabel: 100 g; Zucker: 1 kg; Rucksack: 5 kg; Kartoffelsack: 25 kg; Kind: 35 kg; Mann: 80 kg

c) Schmetterling: 3 g; Maus: 25 g; Katze: 5 kg; Hund: 30 kg; Bär: 250 kg; Pferd: 500 kg; Elefant: 5 t; Wal: 160 t

Lösungen

Gewichte ablesen (S. 36)

Schreibe das Gesamtgewicht auf.

Bananen: 400 g; Äpfel: 620 g; Birnen: 850 g; Weintrauben: 370 g; Paprika: 740 g;
Tomaten: 530 g; Melone: 1 270 g; Salat: 290 g

Immer 1 Kilogramm (S. 37)

1. *Kreise alles, was schwerer als 1 kg ist, rot ein. Kreise alles, was leichter als 1 kg ist, grün ein.*
Schwerer als 1 kg: Eimer Wasser, Rucksack, Stuhl, Roller, Katze
Leichter als 1 kg: Maus, Stift, Scheibe Brot/Brötchen, Schokolade, Heft

2. *Ergänze.*

700 g + 300 g = 1 kg	850 g + 150 g = 1 kg	910 g + 90 g = 1 kg
620 g + 380 g = 1 kg	270 g + 730 g = 1 kg	865 g + 135 g = 1 kg
390 g + 610 g = 1 kg	640 g + 360 g = 1 kg	795 g + 205 g = 1 kg
100 g + 900 g = 1 kg	245 g + 755 g = 1 kg	572 g + 428 g = 1 kg
820 g + 180 g = 1 kg	75 g + 925 g = 1 kg	186 g + 814 g = 1 kg
430 g + 570 g = 1 kg	509 g + 491 g = 1 kg	212 g + 788 g = 1 kg
205 g + 795 g = 1 kg	674 g + 326 g = 1 kg	38 g + 962 g = 1 kg

3. *Wie viel Gramm sind es?*

1 kg = 1000 g ½ kg = 500 g ¼ kg = 250 g ¾ kg = 750 g

Umwandeln – Gramm und Kilogramm (S. 38)

1. *Immer 3 Schilder gehören zusammen. Male sie in der gleichen Farbe an.*

3 kg 250 g	3 250 g	3,25 kg
2 kg 45 g	2 045 g	2,045 kg
7 kg 9 g	7 009 g	7,009 kg
2 kg 450 g	2 450 g	2,45 kg
3 kg 567 g	3 567 g	3,567 kg

2. *Schreibe in Gramm.*

1 kg 400 g = 1 400 g	1 kg 340 g = 1 340 g	4 kg 249 g = 4 249 g
1 kg 250 g = 1 250 g	1 kg 80 g = 1 080 g	5 kg 189 g = 5 189 g
1 kg 830 g = 1 830 g	1 kg 604 g = 1 604 g	4 kg 27 g = 4 027 g
1 kg 64 g = 1 064 g	1 kg 9 g = 1 009 g	3 kg 200 g = 3 200 g

3. *Schreibe als Kommazahl.*

6 kg 230 g = 6,230 kg	6 505 g = 6,505 kg	759 g = 0,759 kg
1 kg 740 g = 1,740 kg	3 971 g = 3,971 kg	8 g = 0,008 kg
5 kg 399 g = 5,399 kg	8 278 g = 8,278 kg	278 g = 0,278 kg
2 kg 70 g = 2,070 kg	9 012 g = 9,012 kg	12 g = 0,012 kg

Umwandeln – Kilogramm und Tonne (S. 43)

1. *Immer 3 Schilder gehören zusammen. Male sie in der gleichen Farbe an.*

2t	2000kg	2,0t
8t 457kg	8457kg	8,457t
2t 340kg	2340kg	2,340t
0t 639kg	639kg	0,639t
6t 390kg	6390kg	6,390t

2. *Schreibe in Kilogramm.*

1t 700kg = 1700kg
2t 400kg = 2400kg
7t 120kg = 7120kg
5t 840kg = 5840kg

5t 250kg = 5250kg
9t 349kg = 9349kg
5t 50kg = 5050kg
1t 999kg = 1999kg

4t 356kg = 4356kg
3t 7kg = 3007kg
2t 403kg = 2403kg
4t 18kg = 4018kg

3. *Schreibe in Tonne und Kilogramm.*

3452kg = 3t 452kg
1709kg = 1t 709kg
4005kg = 4t 5kg
9999kg = 9t 999kg

2400kg = 2t 400kg
306kg = 0t 306kg
8090kg = 8t 90kg
60kg = 0t 60kg

4. *Schreibe in Tonne als Kommazahl.*

2345kg = 2,345t
2066kg = 2,066t
6071kg = 6,071t
4002kg = 4,002t

4980kg = 4,980t
3500kg = 3,500t
900kg = 0,900t
320kg = 0,320t

3451kg = 3,451t
57kg = 0,057t
34kg = 0,034t
9kg = 0,009t

Schriftliche Multiplikation und Division mit Gewichten (S. 44)

1. *Multipliziere schriftlich.*

	2	3	5	g	·	4			
				9	4	0	g		

	3	5	8	g	·	6			
			2	1	4	8	g		

	9	3	7	kg	·	3			
			2	8	1	1	kg		

	5	8	4	kg	·	1	8		
				5	8	4	0	kg	
				4	6	7	2	kg	
			1	0	5	2	1	kg	

	3	2	1	kg	·	2	5		
				6	4	2	0	kg	
				1	6	0	5	kg	
				8	0	2	5	kg	

	7	0	5	kg	·	6	7		
			4	2	3	0	0	kg	
				4	9	3	5	kg	
			4	7	2	3	5	kg	

	1,	5	9	1	t	·	2	3	
				3	1,	8	2	0	t
					4,	7	7	3	t
				3	6,	5	9	3	t

	4,	0	8	2	t	·	1	4	
				4	0,	8	2	0	t
				1	6,	3	2	8	t
				5	7,	1	4	8	t

	2,	4	8	9	t	·	6	5	
			1	4	9,	3	4	0	t
				1	2,	4	4	5	t
			1	6	1,	7	8	5	t

2. *Dividiere schriftlich.*

	1	6	0	2	g	:	6	=	2	6	7	g
–	1	2										
		4	0									
	–	3	6									
			4	2								
		–	4	2								
				0								

	3	8	2	4	kg	:	8	=	4	7	8	kg
–	3	2										
		6	2									
	–	5	6									
			6	4								
		–	6	4								
				0								

	5	9	1	0	kg	:	3	=	1	9	7	0	kg
–	3												
	2	9											
–	2	7											
		2	1										
	–	2	1										
			0	0									
		–	0	0									
				0									

	7	4	1	6	kg	:	9	=	8	2	4	kg
–	7	2										
		2	1									
	–	1	8									
			3	6								
		–	3	6								
				0								

	5,	1	2	2	kg	:	2	=	2,	5	6	1	kg
–	4												
	1	1											
–	1	0											
		1	2										
	–	1	2										
			0	2									
		–	0	2									
				0									

	1	2,	4	9	6	kg	:	8	=	1,	5	6	2	kg
–		8												
		4	4											
	–	4	0											
			4	9										
		–	4	8										
				1	6									
			–	1	6									
					0									

Das Gewicht von Tieren – Balkendiagramme (S. 45)

1. *Schaue dir das Balkendiagramm an. Lies das Gewicht der Tiere ab und trage es hier ein:*

Eisbär: 800 kg, Löwe: 200 kg, großer Tümmler: 300 kg

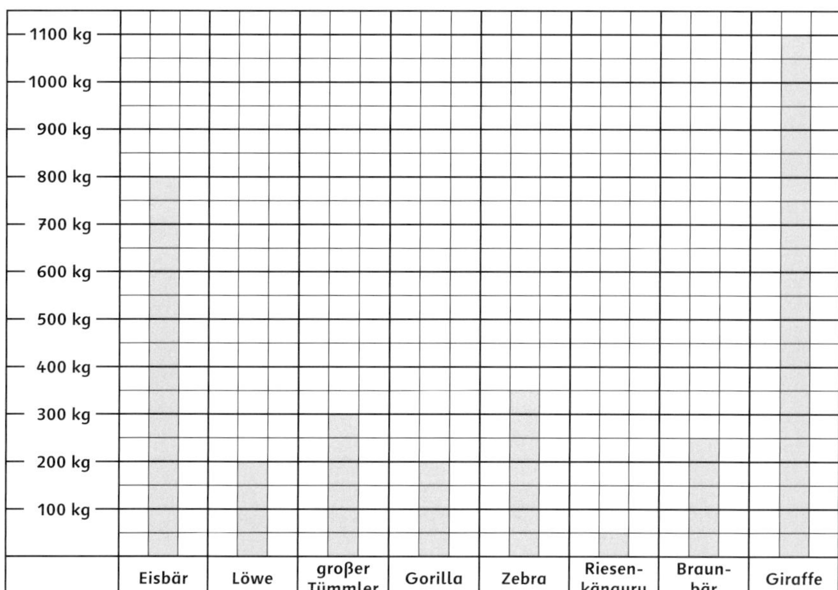

Lösungen

2. *Zeichne das Gewicht folgender Tiere noch in das Diagramm ein: Gorilla 200 kg, Zebra 350 kg, Riesenkänguru 50 kg, Braunbär 250 kg, Giraffe 1 100 kg*

3. a) *Runde das Gewicht dieser Tiere auf volle Zehner:*

Alpaka 64 kg ≈ 60 kg
Kaiserpinguin 39 kg ≈ 40 kg
Schwan 12 kg ≈ 10 kg
Koalabär 11 kg ≈ 10 kg
Stachelschwein 18 kg ≈ 20 kg
Schimpanse 66 kg ≈ 70 kg

b) *Erstelle dann ein eigenes Balkendiagramm: 1 Kästchen = 10 kg. Trage das Gewicht der Tiere ein.*

80 kg						
60 kg						
40 kg						
20 kg						
	Alpaka	Kaiser-pinguin	Schwan	Koalabär	Stachel-schwein	Schimpanse

Wie viel Flüssigkeit passt hinein? (S. 46)

1. *Verbinde.*

kleiner Löffel: 5 ml; großer Löffel: 20 ml; kleine Tasse: 125 ml; Glas: 250 ml; Kakao: 500 ml, Milchpackung: 1 l; Wasserflasche: 1,5 l; Eimer: 10 l; Badewanne: 150 l

2. *Wie viel Milliliter hast du nun?*

3 · 125 ml = 375 ml
500 ml + 250 ml + 20 ml = 770 ml
2 · 500 ml + 2 · 125 ml = 1 250 ml
5 · 125 ml = 625 ml
2 · 250 ml = 500 ml

1 Liter sind 1000 Milliliter (S. 47)

1. *Male die angegebenen Flüssigkeitsmengen im Litermaß blau an.*

1 l = 1000 ml
1 Liter = 1000 Milliliter

½ l = 500 ml
ein halber Liter = 500 Milliliter

2. *Wie viele Gläser kannst du mit 1 Liter Saft füllen? Male passend an.*

a) 10 Gläser können gefüllt werden

b) 8 Gläser können gefüllt werden

c) 4 Gläser können gefüllt werden

3. *Ergänze zu 1 Liter.*

400 ml + 600 ml = 1 l	500 ml + 500 ml = 1 l	370 ml + 630 ml = 1 l
650 ml + 350 ml = 1 l	100 ml + 900 ml = 1 l	290 ml + 710 ml = 1 l
820 ml + 180 ml = 1 l	290 ml + 710 ml = 1 l	405 ml + 595 ml = 1 l
915 ml + 85 ml = 1 l	385 ml + 615 ml = 1 l	150 ml + 850 ml = 1 l
240 ml + 760 ml = 1 l	825 ml + 175 ml = 1 l	395 ml + 605 ml = 1 l

Das Litermaß (S. 48)

1. *Lies die Maßangaben ab und schreibe sie dazu.*

1 l	1/2 l	1/8 l	1/4 l	3/4 l
1000 ml	500 ml	125 ml	250 ml	750 ml

2. *Male die Flüssigkeitsmengen in das Litermaß.*

250 ml

350 ml

700 ml

400ml

850ml

3. *Male gleiche Flüssigkeitsmengen in der gleichen Farbe an.*

1 l	1000 ml	1,0 l
½ l	500 ml	0,5 l
¼ l	250 ml	0,25 l
¾ l	750 ml	0,75 l
1 l 225 ml	1225 ml	1,225 l

Rund um Liter und Milliliter (S. 49)

1. *Fülle die Tabelle aus.*

	l	100 ml	10 ml	1 ml	Kommazahl
1450 ml	**1**	**4**	**5**	**0**	**1,450 l**
1705 ml	**1**	**7**	**0**	**5**	1,705 l
5009 ml	5	0	0	9	**5,009 l**
8 ml	**0**	**0**	**0**	**8**	**0,008 l**
10342 ml	10	3	4	2	**10,342 l**
58219 ml	**58**	**2**	**1**	**9**	**58,219 l**

2. *Wandle, falls nötig, zuerst um und setze ein: <, > oder =.*

¼ l < 300 ml	500 ml = ½ l	700 ml < ¾ l
¾ l > 0,350 l	240 ml = 0,24 l	2,060 l < 2½ l
0,1 l = 100 ml	⅛ l > 80 ml	0,04 l < 400 ml

3. *Runde auf Zehner.*

345 l ≈ 350 l
611 l ≈ 610 l
278 l ≈ 280 l
423 l ≈ 420 l
627 l ≈ 630 l
754 l ≈ 750 l

4. *Runde auf Hunderter.*

660 l ≈ 700 l
290 l ≈ 300 l
375 l ≈ 400 l
122 l ≈ 100 l
2462 l ≈ 2500 l
4293 l ≈ 4300 l

5. *Runde auf Tausender.*

9320 l ≈ 9000 l
8762 l ≈ 9000 l
26 746 l ≈ 27 000 l
58 108 l ≈ 58 000 l
175 299 l ≈ 175 000 l
408 540 l ≈ 409 000 l

6. *Ergänze zum nächsten vollen Liter.*

3 l 140 ml + 860 ml = 4 l
1 l 250 ml + 750 ml = 2 l
6 l 290 ml + 710 ml = 7 l
5 l 160 ml + 840 ml = 6 l